U0320840

畜产品
风险评估概述

郑君杰 于寒冰 方 芳 主编

中国农业科学技术出版社

图书在版编目（CIP）数据

畜产品风险评估概述／郑君杰，于寒冰，方芳主编. --北京：中国农业
科学技术出版社，2024.5
ISBN 978-7-5116-6775-5

Ⅰ.①畜… Ⅱ.①郑…②于…③方… Ⅲ.①畜产品-质量管理-风险评价
Ⅳ.①TS251

中国国家版本馆 CIP 数据核字（2024）第 076895 号

责任编辑　张国锋
责任校对　李向荣
责任印制　姜义伟　　王思文

出 版 者　中国农业科学技术出版社
　　　　　北京市中关村南大街 12 号　　邮编：100081
电　　话　（010）82109705（编辑室）　　　（010）82106624（发行部）
　　　　　（010）82109709（读者服务部）
网　　址　https://castp.caas.cn
经 销 者　各地新华书店
印 刷 者　北京科信印刷有限公司
开　　本　185 mm×260 mm　1/16
印　　张　11
字　　数　212 千字
版　　次　2024 年 5 月第 1 版　2024 年 5 月第 1 次印刷
定　　价　68.00 元

《畜产品风险评估概述》
编写人员名单

主　　编：郑君杰　于寒冰　方　芳

副 主 编：李文辉　杨红菊　王乐宜　沈　媛
　　　　　孙志伟

参编人员：陶湛文　习佳林　怀文辉　倪香艳
　　　　　魏紫嫣　张晶晶　赵雅妮　赵　营
　　　　　郭　阳　赵　源　卢春香　崔晓东
　　　　　肖　帅　贾　晨　李　甜　鲍　捷
　　　　　邢凯萌　马洪星　刘　斌　黄培鑫
　　　　　温雅君　李　英　孙　娟　杨　静
　　　　　吴　仑　陈　翔

内容简介

　　本书根据《中华人民共和国农产品质量安全法》中"对可能影响农产品质量安全的潜在危害进行风险分析和评估"的规定，并结合多年畜产品质量安全监测和风险评估工作经验所撰写。开展畜产品质量安全风险评估的意义在于有利于推动我国畜产品质量安全管理由末端控制向风险控制转变、由经验主导向科学主导转变、由感性决策向理性决策转变，是风险管理决策的重要依据。本书系统地讲述了畜产品风险评估基础知识和评估方法，对药物残留、重金属和生物风险评估进行了详细论述，并汇总了相关支持性文件。《畜产品风险评估概述》内容紧密结合畜产品风险评估实际需要，实用性和技术性强。

前　言

　　"民以食为天，食以安为先"，党的十九大报告提出要"实施食品安全战略，让人民吃得放心"，党的二十大报告要求"强化食品药品安全监管"。2021年新修正的《中华人民共和国食品安全法》第十七条规定，国家建立食品安全风险评估制度。运用科学方法、根据食品安全风险监测信息、科学数据以及相关信息，对食品、食品添加剂、食品相关产品中生物性、化学性和物理性危害因素进行风险评估。为制定或者修订食品安全国家标准提供科学依据需要进行风险评估；为确定监督管理的重点领域、重点品种需要进行风险评估；发现新的可能危害食品安全因素等情况等需要进行风险评估。2022年新修订的《中华人民共和国农产品质量安全法》第十四条规定，国家建立农产品质量安全风险评估制度。国务院农业农村主管部门应当设立农产品质量安全风险评估专家委员会，对可能影响农产品质量安全的潜在危害进行风险分析和评估。

　　畜牧业是关系国计民生、社会稳定的重要基础性行业，畜产品是我们日常生活需要的重要组成部分。在畜产品数量供给得到基本满足的前提下，虽然近年来我国畜产品合格率稳步上升，但伴随着我国经济的快速发展，人民生活水平也在不断提高，人们对畜产品质量安全的要求也越来越高。《畜牧业"三品一标"提升行动实施方案（2022—2025年）》中提出，到2025年，畜产品品质保障达到更高水平，50%以上的规模养殖场实施养殖减抗行动，肉蛋奶等畜禽产品的兽药残留监督抽检合格率保持在98%以上，动物源细菌耐药趋势得到有效遏制。有效开展畜产品质量安全评价是保障畜产品质量安全的基础。因此，我们编写了《畜产品风险评估概述》一书。本书概括了畜产品风险评估基础知识和畜产品风险评估方法，着重总结了畜产品中药物残留、重金属残留和生物风险因子的风险评估过程，并筛选了部分风险评估技术资料，是一本理论联系实际、实用性强的图书。

　　本书是针对畜产品质量安全评估方法、过程和资料开展的系统性总结，希望能为行业主管部门、技术部门等单位开展畜产品质量安全评估提供技术支持和有益参考。由于编者水平所限，书中难免存在不足和疏漏，敬请广大读者批评指正。

编　者

2023 年 12 月

目　录

第一章
畜产品风险评估基础知识

第一节　畜产品风险评估相关概念

一、基本概念

食品：食品主要是指食物经生产、加工、流通、消费等环节呈现出来的属性，而食物单纯指用于满足人类饱腹感的一种物质。《中华人民共和国食品安全法》中这样解释食品的概念：指各种供人食用或者饮用的成品和原料以及按照传统既是食品又是中药材的物品，但是不包括以治疗为目的的物品。

农产品：《中华人民共和国农产品质量安全法》中把农产品概括为来源于种植业、林业、畜牧业和渔业等的初级产品，即在农业活动中获得的植物、动物、微生物及其产品。

食用农产品：《食用农产品市场销售质量安全监督管理办法》中食用农产品指在农业活动中获得的供人食用的植物、动物、微生物及其产品。农业活动，指传统的种植、养殖、采摘、捕捞等农业活动，以及设施农业、生物工程等现代农业活动。植物、动物、微生物及其产品，指在农业活动中直接获得的，以及经过分拣、去皮、剥壳、干燥、粉碎、清洗、切割、冷冻、打蜡、分级、包装等加工，但未改变其基本自然性状和化学性质的产品。

畜产品：指由畜牧业生产出来的家禽、家畜等食用农产品，包括肉、蛋、奶、蜂蜜及相关副产品等。

风险：是指暴露某种特定因子后在特定条件下对组织、系统或人群产生有害作用的概率。风险由两种因素组成，不利事件发生的可能性（例如某种特定疾病或某种伤害）。这将取决于致害因子（假定该物质或情况能导致有害的结果），并且接触该危害因子。这一特征是非常重要的，因为作为危害因子本身不足以导致风险的发生；不利事件所产生的后果，包括不利后果所产生的效果的程度。

危害：指食品中所含有的对健康有潜在不良影响的生物、化学、物理因素或食品存在状况。

二、相关概念

风险评估：是系统地采用一切科学技术及信息，在特定条件下对动植物和人类或环境暴露于某危害因素产生或将产生不良效应的可能性和严重性的科学评价，是对有害事件发生的可能性和不确定性的评估。风险评估可分为定量风险评估、定性风险评估和半定量/半定性风险评估。定量风险评估指采用 0~100% 数值来描述风险发生概率或（和）严重程度的方法，定性风险评估指采用"高发生概率""中度发生概率"及"低发生概率"或者将风险分为不同的级别来描述风险发生的概率及严重程度的方法，而以上两者兼而有之的方法为半定量/半定性风险评估。风险评估包括危害识别、危害特征描述、暴露评估和风险特征描述四个步骤。

危害识别：根据流行病学、动物试验、体外试验、结构–活性关系等科学数据和文献信息确定人体暴露于某种危害后是否会对健康造成不良影响、造成不良影响的可能性，以及可能处于风险之中的人群和范围。

危害特征描述：对与危害相关的不良健康作用进行定性或定量描述。可以利用动物试验、临床研究以及流行病学研究确定危害与各种不良健康作用之间的剂量–反应关系、作用机制等。如果可能，对于毒性作用有阈值的危害应建立人体安全摄入量水平。

暴露评估：描述危害进入人体的途径，估算不同人群摄入危害的水平。根据危害在膳食中的水平和人群膳食消费量，初步估算危害的膳食总摄入量，同时考虑其他非膳食进入人体的途径，估算人体总摄入量并与安全摄入量进行比较。

风险特征描述：在危害识别、危害特征描述和暴露评估的基础上，综合分析危害对人群健康产生不良作用的风险及其程度，同时应当描述和解释风险评估过程中的不确定性。

食品安全：指食品无毒、无害，符合应当有的营养要求，对人体健康不造成任何急性、亚急性或者慢性危害，是食品的种植、养殖、加工、储藏、消费等活动符合国家强制标准和要求，不存在可能损害或威胁人体健康的有毒有害物质，导致消费者病亡或者危及消费者及其后代的隐患。

食品安全风险评估：指对食品、食品添加剂中生物性、化学性和物理性危害对人体健康可能造成的不良影响所进行的科学评估，包括危害识别、危害特征描述、暴露评估、风险特征描述等。食品安全风险评估是国际食品法典委员会（CAC）和各国政府制定食品安全法律法规、标准等的主要工作基础。

食品安全风险评估体系：风险评估体系指的是涉及对食品现存的或潜在的危害进行评估分析的相关法律法规、职能机构、运行机制、人才队伍、设备技术等系统。

畜产品风险评估：是对畜产品质量安全进行评估的过程，主要对养殖、饲料、屠宰、加工、包装、运输和储藏等过程中存在的潜在风险因素进行评估，如饲料污染、药物残留、疫病传染等。

第二节　畜产品风险评估背景和趋势

一、畜产品风险评估背景

"民以食为天，食以安为先，安以质为本，质以诚为根"，党的十九大报告提出要"实施食品安全战略，让人民吃得放心"，党的二十大报告要求"强化食品药品安全监管"。虽然近年来我国畜产品合格率稳步上升，但伴随着我国经济的快速发展，人民生活水平也在不断提高，人们对畜产品质量安全的要求也越来越高。《畜牧业"三品一标"提升行动实施方案（2022—2025 年）》中提出，到 2025 年，畜产品品质保障达到更高水平，全国饲料质量安全抽检合格率 98% 以上；50% 以上的规模养殖场实施养殖减抗行动，兽药质量监督抽检合格率保持在 98% 以上，肉蛋奶等畜禽产品的兽药残留监督抽检合格率保持在 98% 以上，动物源细菌耐药趋势得到有效遏制。当前，我国畜产品市场空前繁荣，但仍存在兽药残留、重金属残留以及微生物指标超标等不安全因素，人们对国内畜产品质量安全仍有担忧。进行畜产品风险评估是以下几方面的需要。

（一）是持续发展畜牧业的需要

畜牧业是关系国计民生、社会稳定的重要基础性行业，我国畜牧业在持续稳定发展。国家统计局统计数据显示，2022 年全年猪牛羊禽肉产量 9 227 万 t，其中，猪肉产量 5 541 万 t，牛肉产量 718 万 t，羊肉产量 525 万 t，禽肉产量 2 443 万 t；禽蛋产量 3 456 万 t，牛奶产量 3 932 万 t，蜂蜜产量 42 万 t。在畜产品数量供给得到基本满足的前提下，随着人们收入水平提高和生活质量改善，越来越多的消费者开始从自身营养、健康和安全的需求出发，关注畜产品质量安全意识显著增强。对畜产食品供给要求从吃饱过渡到吃好、吃得健康、吃得放心，对上市畜产品的选择性普遍增强。虽然我国畜产品消费快速增加，但消费者目前心理上还是对来自发达国家的畜产品情有独钟，如澳洲的牛奶和牛肉、日本的可生食鸡蛋等，2022 年我国畜产品进口量 1 285.3 万 t，这也表明我国畜产品消费还有很大的提升空间。

（二）是切实保障人民身体健康的需要

21世纪初，随着我国畜牧业快速发展，畜产品安全事件频出。如2001年广东河源发生的瘦肉精事件，有400多名市民中毒；2001年广东省兽药监察所提供的报告指出，广州市上年初对待宰生猪进行抽检，其中盐酸克伦特罗残留阳性率高达59.4%；2002年10月18日上午，辽阳市区39人食用猪肉中毒；2004年以来全国部分省区发生的禽流感疫情；2005年四川部分地区发生的猪链球菌病疫情，2009年1月22日，三鹿"三聚氰胺奶粉"案终审宣判。上述事件有一个共同的特点，就是造成了消费者死亡。当时我国还没有全面开展畜产品安全风险评估，不能在早期及时发现并排除风险隐患，最后造成对消费者身体健康的严重损害和行业内部的巨大损失。

时至今日，我国畜产品安全问题已经得到了极大改善，但仍不能令人完全放心。2020年农业农村部发布兽药残留动物及动物产品兽药残留监控结果的通报，6 683批畜禽产品样品中，合格6 649批，样品合格率99.49%。畜产品共检出不合格样品34批，其中，5批猪肉中检出磺胺二甲嘧啶，残留量292～354μg/kg（限量100μg/kg）；1批猪肉中检出恩诺沙星与环丙沙星，残留量609μg/kg（限量100μg/kg）；1批猪肉中检出替米考星，残留量193μg/kg（限量100μg/kg）；1批猪肉中检出氧氟沙星，残留量65.8μg/kg（临时限量10μg/kg）。2021年"3·15"晚会上曝光了号称"养羊大县"的河北省青县养羊产业中给羊饲喂瘦肉精的问题。这些事件监测结果直接威胁人民群众的健康安全，致使消费者产生了恐惧心理，对畜产品质量安全的消费信心下降。

（三）是制定食品安全相关标准的需要

我国政府在风险分析应用于食品安全国家标准问题上给予了充分的支持与重视。在《中华人民共和国农产品质量安全法》《中华人民共和国食品安全法》及其实施条例中明确地规定了标准制定基于风险分析这一原则，并明确了食品风险评估制度，使得标准制定工作的应用有法可依，并且在具体制定标准时，充分利用国家食品安全监测数据。在风险分析中，风险评估是风险分析的科学基础，是构成风险分析的核心部分。例如2010年底媒体报道"大米镉事件"后，食品安全风险评估专家委员会用收集到大米、蔬菜、肉类和饮用水中镉的数据针对镉开展风险评估，最终制定大米镉、蔬菜镉、肉类镉和饮用水镉的标准来实现保护消费者健康。

（四）是贯彻落实相关法律法规的需要

2021年新修正的《中华人民共和国食品安全法》第十七条规定，国家建立食品安全风险评估制度。运用科学方法、根据食品安全风险监测信息、科学数据以及相关信息，对食品、食品添加剂、食品相关产品中生物性、化学性和物理性危害因素进行风险评估。为制定或者修订食品安全国家标准提供科学依据需要进行风险评估；为确定监督管理的重点领域、重点品种需要进行风险评估；发现新的可能危害食品安全因素等情况等需要进行风险评估。

2022年新修订的《中华人民共和国农产品质量安全法》于2023年1月1日正式实施。该法第十四条规定，国家建立农产品质量安全风险评估制度。国务院农业农村主管部门应当设立农产品质量安全风险评估专家委员会，对可能影响农产品质量安全的潜在危害进行风险分析和评估。国务院卫生健康、市场监督管理等部门发现需要对农产品进行质量安全风险评估的，应当向国务院农业农村主管部门提出风险评估建议。

2022年新修订的《中华人民共和国畜牧法》（以下简称《畜牧法》）于2023年3月1日起正式实施。该法是指导畜牧业生产经营的根本大法，是保障畜禽产品供给和质量安全的基础，是各类畜牧企业和广大饲养户的行动纲领和发展依据。新修订的《畜牧法》第四章畜禽养殖中明确规定不得违反法律、行政法规和国家有关强制性标准、国务院农业农村部主管部门的规定使用饲料、饲料添加剂、兽药，按照规定做好畜禽疫病防治和质量安全工作。

（五）是着力促进相关国际贸易的需要

中国是世界上畜产品生产大国，肉类产量约占全球肉类总产量的1/4。2020年全球猪肉优质生产商中，位居前三位的是温氏集团、牧原集团、史密斯菲尔德食品公司，母猪存栏量分别为130万头、128.32万头、124.1万头。美国和中国拥有顶级生产商的数量并列第一，各有11家公司上榜。近年来，在满足国内需要的基础上，中国的畜产品也在出口，主要出口市场是亚洲国家，如日本、韩国、马来西亚等，肉类出口主要集中在猪肉、牛肉和禽肉等方面。2023年1—8月，农业农村部发布的进出口信息显示：中国畜产品进口额320.4亿美元，同比减少5.4%；出口40.3亿美元，减少6.0%；贸易逆差280.1亿美元。由此可见，畜产品还有很大出口潜力，除了养殖成本和技术贸易壁垒等因素外，影响我国畜产品出口的主要因素是畜禽疫病和产品残留超标等。我国加入世界贸易组织（WTO）以后，畜产品质量安全工作受到WTO《实施卫生和植物卫生措施协定》（SPS协定）的严格约束，要求我国出口的活畜禽及其产品质量安全与国际质量安全标准协调一致。具体就是按照国际食品法典委员会（CAC）、国际兽医局（OIE）等国际组织颁布的标准、指南和建议执行。我国畜产品要在更广、更深层次上"走出去"，提升我国畜产品的国际竞争力，畜产品质量安全水平必须有一个显著的提升，并得到进口国的公认，这也需要我们扎实地做好畜产品风险评估工作。

二、畜产品风险评估趋势

（一）国内研究动态

1. 研究进程及存在问题

（1）我国畜产品安全风险评估有法可依

《中华人民共和国食品安全法》《中华人民共和国农产品质量安全法》《中华人民共和国畜牧法》《中华人民共和国动物防疫法》《兽药管理条例》《饲料及饲料添加剂管理条例》等法律法规在畜产品质量安全风险控制方面的规定是相辅相成的。这些法律法规的颁布实施，表明我国已经把畜产品质量安全风险评估纳入法治轨道，已开始用法律的形式来保证风险评估的实施。

（2）我国畜产品安全风险评估基本框架形成

畜产品安全风险评估属于国家食品安全的范畴，国家食品安全风险评估中心成立于 2011 年 10 月 13 日，农业部（现农业农村部）从 2011 年开始，全面规划和推进全国农产品质量安全风险评估体系建设。2020 年 1 月 10 日，国家卫生健康委成立第二届评估委员会，负责我国食品安全风险评估工作。根据食品安全法规定和风险评估工作需要，第二届评估委员会由来自全国大专院校、科研院所等技术机构的医学、农业、食品、营养、环境、生物等领域的 120 名专家组成。国家农产品质量安全风险评估专家委员会秘书处目前设在中国农业科学院农业质量标准与检测技术研究所，按照农业农村部农产品质量安全监管司要求，做好国家农产品质量安全风险评估项目的实施推进、技术指导、考核验收、会商研判和结果汇总报告等工作。至 2021 年，农业农村部已建立 108 家农产品质量安全风险评估实验室和 149 家农产品质量安全风险评估实验站，在农产品质量安全执法监管、生产指导、消费引导、应急处置、科普解读、技术性贸易措施研判等工作中发挥了重要技术支撑作用。我国畜产品安全风险评估体系已经基本形成。

（3）风险评估技术面临的问题

由于我国农产品质量安全风险评估专家委员会成立相对较晚，畜产品安全风险评估各项工作仍处于初级阶段，关于畜产品安全的风险评估工作与发达国家之间还存在一些差距，风险评估运行机制还不够完善。主要表现为以下几点：一是监测理论体系不够成熟、监测区域未能全覆盖，人员分散、学历分布不均，信息发布机制欠缺，应急机制不够完善等；二是我国当前风险评估标准多由从国外直接引入，并未真正地了解其标准详细过程的制定、现实情况、重要依据及国外相关规定，结果导致了一些评估模型并不适用国内情况；三是在食品安全风险评估实践中常采用单一化合物的评估，但实际上，我们所暴露的环境与摄入食品中的化学危害，绝大多数是长期、低剂量的化学危害混合暴露；四是现有的风险评估方法利用动物毒理学评价存在如下不确定性：动物向人外推、高剂量向低剂量外推、敏感人群预测。化学危害暴露风险评估是当前的难点和挑战，需要开展以人群为基础的化学物暴露组特征研究，并将毒性通路与暴露组技术结合。由于存在上述一系列问题，导致获得的部分评估数据和评估结果缺少可信度，管理透明度和评估工作独立性不强。随着经济发展和社会的进步，公众对畜产品质量安全的要求逐渐提高。针对畜产品生产链条长、生产环境开放、不可控因素多等特点，多方位开展畜产品安全风险评估体系研究，防患于未然，意义重大。

2. 具体措施及发展趋势

（1）健全畜产品安全风险评估体系

美国早在1970年对动物性食品中兽药残留开展全国性检查，根据检查结果指出了兽药残留超限量的原因：76%是不遵守停药期的规定，12%是饲料加工或运输错误，6%是贮存不当，6%是不正确使用药物，而我国目前为止还没有这么细分的数据。我国已成立农产品质量安全风险评估专家委员会，而多数省份开展的风险评估项目还类似于风险监测，没有条件进行基于中国国情的一些基础数据如ADI值或模型的研究；平时各级主管部门开展的畜产品安全风险分析只是停留在对某一种食品动物或其生产链的某一环节的个别因素风险分析，"养殖场到加工厂"全过程的风险分析数据尚需积累完善。各级业务主管部门应该成立由动物医学、动物科学、动物营养、微生物学、化学、毒理学、药学、食品科学、临床医学、环境科学、经济学、统计学等方面专家组成的畜产品质量安全风险评估机构开展评估工作。

（2）建立统一的畜产品安全风险信息交流体系

风险评估需要大量的监测数据。我国目前的官方监测网络正在日益完善，全国大部分市、县级均建立了兽药、饲料和饲料添加剂及畜产品的检测机构，但存在监测对象不全面、检测样本数量少、检测指标固化等问题，第三方检测实验室是很好的补充。截至2022年底，我国获得资质认定和其他专业领域法定资格、资质的各类检验检测机构共有52 769家，其中很多具备在养殖投入品和畜产品质量相关领域检验的资格。通过把第三方检测机构纳入风险评估的范畴，可以解决本量小、数据不全的问题。在信息交流方面，一是采用计算机联网使基层分散的风险信息能迅速有效地汇集起来，进行综合分析与处理，同时使风险信息能够迅速全面地传递到风险评估机构，为机构开展风险评估提供有效的原始资料，按不同等级部门、不同等级身份查阅不同内容的信息；二是通过畜产品安全风险交流，让广大消费者和社会各界获得关于畜产品安全的信息，让他们正确地认识和理解风险，进行风险分析的目的不是要实现食品安全性"零风险"、实际上也不可能实现食品安全性"零风险"，而是要通过有效的风险管理，将风险控制在可以接受或承受的范围之内。

（3）建立完善的畜产品安全诚信体系

诚信问题不解决，畜产品安全风险分析就难以开展。食品动物养殖者、养殖投入品生产经营者与业务主管部门、消费者之间的信息不对称，是我国畜产品行业信用缺失产生的原因之一。食品动物养殖者、经营者不提供真实信息，风险分析工作无法进行。当不讲诚信的畜产品生产者的违法收益远远大于违法成本时，他们在与政府主管部门的博弈中，就会抛弃法律、道德和诚信，从而导致畜产品安全事件不断发生。因此，有必要建立完善的畜产品安全诚信体系。

（4）风险评估技术的研究趋势

展望我国畜产品风险评估，首先是要做基于我国国情的研究。我国的养殖模式和相应的养殖投入品供给、膳食结构、管理模式和管理水平、经济实力与西方发达国家不同，不能照搬照抄国外的数据和分析内容，应该结合我国的国情，从动物养殖（环境、模式、投入品使用和管理）、动物运输和屠宰、产品加工和消费习惯等环节进行所有因素分析和调查研究，制定适用于我国国情的相关技术指导原则。

基于中国食品安全状况和环境健康研究领域的基础，应重点在如下技术领域取得突破：基于人源性细胞系发展替代动物试验；发展敏感、高通量的毒性通路检测技术；效应终点与标志物筛选技术；暴露组分析技术；基于计量反应关系的计算独立技术；数据挖掘、整合与分析技术；针对暴露评估技术对致敏物和致癌物的暴露评估方法、新技术新工艺的暴露评估方法、更准确地估计或模拟人群的真实暴露情形的方法和模型，以及定量描述评估中的不确定或减少不确定性的方法等均需要进一步建立、发展和完善，这是风险评估技术面临的客观挑战，也是今后发展的空间和趋势。

（二）国外研究动态

发达国家关于风险治理、食品安全治理、畜产食品安全风险治理的研究时间远远早于我国，而且研究的内容比较丰富，范围也很广，视野很开阔。早期着重研究一些已经发生的具体实际问题，但是事后的研究并不能有效防止畜产食品安全事件的再次发生，并且随着物质经济的日益丰富和发展，越来越多的研究者逐渐以预防为主题来进行学术和专业的研究，把引导消费者的行为和改善畜产食品安全的质量作为重心。概览这些研究成果，国外的研究成果相对更成熟一些，并且，在畜产品安全治理体系各个领域已经建立起比较系统的理论体系，在实际工作中得到长期反复的实践检验，这些有很大价值的研究成果为我们的畜产食品安全治理研究提供非常丰富的借鉴资料。

1. 欧盟畜产品安全风险评估机制的运作概况

为了应对欧盟食品安全的问题，提高政府监管、控制能力，在 2002 年 1 月 28 日，欧盟颁布欧洲议会与理事会 178/2002 法规，同时正式建立欧盟食品安全局，负责风险评估及风险交流工作。目前欧盟已形成了完善的食品安全分析体系，该体系的核心由欧盟食品安全局、欧盟食品与兽药办公室、欧盟委员会健康和消费者保护总署组成。

欧盟食品安全局根据欧盟委员会、其他管理机构及欧盟各成员国提出的任务和请求，可对从农田到餐桌的整条食品链进行风险评估工作，最终形成一个统一的食品安全体系，同时对其职责范围内任何领域提供科学及技术的援助。欧盟还建立了专门的论坛用于咨询，成立了各国联络组用于交流，论坛和联络组的建立，加强了各成员国的紧密联系，有效地避免了工作的交叉重复，更早地帮助确定潜在风险及提出新问题。欧盟食品安全局还可以利用除本身以外的其他科学资源，比如委托其他机构展开风险评估相关科学研究等，这不仅可以更严谨、更及时完成风险评估任务，还能促进欧盟各成员国、国际组织及第三国之间的交流合作。

2. 日本畜产品安全风险评估机制的运作概况

作为发达国家之一的日本，早已认识到畜产品安全的发展趋势，于 2003 年 7 月通过并颁布了《食品安全基本法》，依据该法成立了国家食品安全委员会，主要从事国家食品安全风险评估及风险交流工作。其中食品风险管理任务由厚生劳动省及农林水产省来承担。前者负责食品卫生的风险管理工作，而后者负责关于农林、水产品的风险管理工作。目前，日本国家食品安全委员会主要由 7 名资深委员组成，是全日本食品安全的最高权威及决策机构，直接受内阁管辖。具有独立性强的特点，这有助于降低权力腐败的发生率，以确保食品安全风险评估的公正性。其中，日本食品安全委员会以下，设置了 16 个专家委员会，这些各专家委员会之间权责明确且相互协作。另外，还设置 1 个评估专家组，分别对化学物质、生物材料及新食品进行风险评估。

日本的畜产品安全风险评估工作，主要由日本国家食品安全委员会承担，该委员会除了接受风险管理机构提交的评估申请或委员会本身指定的请求外，还会利用召开国际会议，同国际组织、国外政府，以及相关部门和消费者、各利益相关方等进行风险交流，以确定自身畜产品安全风险评估的方向。日本畜产品安全风险评估内容涉及国内水产品、肉禽类食品、抗药菌，及由外国进入的各种畜禽产品等，范围广，种类齐全。此外，日本境内"食品标签制"的实施，规范了畜产品从养殖场到餐桌全链条中所有相关企业的责任，从而保证了从畜禽养殖到销售的每一个环节都可以相互追查，便于在评估过程中及时发现问题环节，必要时对产品实行召回。

3. 美国畜产品安全风险评估机制的运作概况

美国作为世界上畜产品安全水平最高的国家之一，对于畜产品安全风险评估有着成熟的评估技术及全面的法律法规，如养殖投入品（即饲料添加剂、兽药等）的危害评估等。在难度较大的微生物危害评估上，美国也取得了重大突破，能对蛋类食品、牛肉制品、即食食品中常见的多种微生物危害进行风险分析。美国在畜产品安全方面取得如此成果，跟其完善的畜产品安全监管体系及坚实的法规标准保障密不可分。全面实施 HACCP（危害分析和关键控制点）体系是美国确保畜产品质量安全的关键策略。HACCP 体系是指对畜产品安全危害加以识别、评估及控制的预防性体系，风险的管理基于科学的评估结果。该体系可在整条供应链中对畜产品进行风险分析，有效避免了各类危害，特别是微生物危害一直伴随着屠宰、加工、运输、销售等环节，克服了仅检验终产品时存在的缺陷。

第三节　畜产品风险评估特点和原则

一、畜产品风险评估特点

(一) 风险评估制度

风险评估制度兴起至今，经历了一个不断发展的过程，当今国际社会仍然在不断探索。引入食品安全风险分析，对整个食物链和对人类健康的直接危害进行分析，是 20 世纪 50 年代以来继食品卫生质量管理体系和危害分析关键控制点（HACCP）技术后，世界各国食品安全管理的第三次高潮。世界贸易组织《实施卫生与植物卫生措施协定》（SPS 协定）中对风险评估进行了定义，指出风险评估是指在食品贸易中，进口国根据可采用的实施卫生与植物卫生措施，评价某些害虫或疾病进入其领土或存在、传播的可能性，以及潜在的生物学影响和经济影响，或对食品、饮料和饲料中的添加剂、污染物、毒素或致病菌对人体和动物的健康可能造成的不良作用进行评估。

风险评估是风险分析体系的核心和基础，是风险管理和风险交流的依据。我国的《中华人民共和国食品安全法》和《食品安全风险评估管理规定（试行）》规定了食品安全风险评估制度的方法和步骤，指出风险评估应当遵照国际食品法典委员会工作手册确定的四个步骤进行。学术界对食品安全风险评估的认识也在不断深入和发展。张涛把风险评估描述为，对已知危害的科学了解，以及危害发生方式和发生后果的了解。他认为这个过程是基于科学的，在数量上最大限度地使用来自各相关领域的概念、信息、数据，并对相关的信息进行比较，按照有序的排列重构，最后达到真正确认危害和采取管理措施的目的。廖斌、张亚军进一步认为，风险评估是医学、流行病学、营养、食品工艺学等相关专业的科学家共同开展的科学性质的活动，是为了确认危害的严重性和危害发生的可能性，为政府在权衡利益的基础上采取措施控制风险提供科学再支持。风险评估的目的不是简单地针对某种食品，也不是查找危害，而是针对某种已确定的危害研究发生不良影响的可能性和可能处于风险中的人群和范围。

（二）畜产品风险评估模式

1. 以概率评估模式为基础

概率评估模式是指对具有科学依据的、明确严重性的食品危害风险进行评估的一种模式。一些学者认为，从19世纪晚期开始，政府开始对食品安全进行管理时，概率评估模式就逐渐形成和发展起来了，概率评估模式不仅是传统的食品安全风险评估模式，也是当代各国政府所实施的通行的食品安全风险评估模式。《中华人民共和国食品安全法》第六十二条将评估对象指向食品、食品添加剂中的生物性、化学性和物理性危害对人体健康可能造成的不良影响。由此可见，管理部门需要评估的重点内容是食品危害的属性。

2. 以专业知识作为评估依据

《中华人民共和国食品安全法》从四个角度规定了专家知识在风险评估中的排他性角色：组织形式上规定了专家的垄断地位，由医学、农业、食品、营养等方面的专家组成专家委员会，排除了公众代表或社会团体代表等其他非专业人员进入食品安全风险评估过程的可能性；风险评估的对象角度上规定了只能由专家的专业知识发挥作用，显然，对食品、食品添加剂中的生物性、化学性和物理性危害进行危害识别、危害特征描述、暴露评估、风险特征描述等需要运用专业知识进行，普通民众的社会科学知识则难以胜任；从科学方法角度规定了需要运用专业知识才能起到作用，根据法条规定，对食品安全风险评估应当使用科学方法，主要是流行病学调查、类推法以及基于数学模型的"剂量—反应"曲线等，此专业类的方法也只能依据专业知识来操作；从食品安全风险议题形成的角度规定了主要依据专家的考量决定是否启动食品安全风险评估程序，《中华人民共和国食品安全法》第十四条规定，国务院卫生行政部门通过食品安全风险监测或者接到举报发现食品可能存在安全隐患的，应当立即组织检验和食品安全风险评估。表面上看公众可以通过举报的方式启动风险议题，但是事实上，公众的举报能否转化为风险议题的形成仍然由国家卫生健康委员会的专家决定，因此风险议题的形成仍旧是通过专业知识决定。《国家食品安全风险评估专家委员章程》的审议通过进一步保障了专业知识的重要性和作用。

因此以专业知识为主要评估依据主要基于以下几点理由：一是食品是否安全，是否存在风险主要基于科学证据、科学知识来证明，而这需要专家具备的食品安全、风险知识；二是不同的主体对食品安全风险认知存在差异，不同的主体对食品安全风险接受度不同，更需要专家的科学知识予以中立裁决；三是随着风险知识和信息的专业化，需要专家的评估意见来控制风险行政机关的权力，防止其滥用行政裁量权。

二、畜产品风险评估原则

一个健康的、完善的风险评估制度应当有其原则的引导，食品安全风险评估制度缺乏基本原则引导犹如一艘缺少指南针的帆船，难以实现法律所赋予的预期功能。因此食品安全风险评估制度的原则应该是在保障国民的健康免受来自任何不安全的食品侵害的最高准则上形成和制定的。

（一）预防性原则

风险评估制度与以往风险监测手段不同之处在于，风险评估制度是以消除可能存在的各方面的安全隐患为目标，在食品生产的各阶段对衡量质量安全的各项指标进行预防监测，同时获取人们的制度信任，而以往的风险监测制度是在事后采取对应的补救措施或惩罚措施，关注于事后处理，具有一定的滞后性，不能及时有效地控制食品安全问题，造成了严重的社会影响，破坏了制度的信任度。因此，风险评估制度的构建应当以预防性原则为引导，有预见性地解决食品安全风险问题，切实产生预防的效果。

（二）独立性原则

我们可以从以下两层含义理解独立性原则：一是风险评估由专门的风险评估机构依据科学理论独立进行，不受其他部门的干预；二是风险评估并不是将风险评估和风险管理相割裂，而是要求在风险评估的基础之上，积极进行风险沟通和交流，保证风险评估和风险管理的相互配合，共同促进食品安全风险分析机制的完善。对于独立性原则，我国《食品安全风险评估管理规定》第六条也作出明文规定：一是国家食品安全风险评估专家委员会依据本规定及国家食品安全风险评估专家委员会章程独立进行风险评估，保证风险评估结果的科学、客观和公正。二是任何部门不得干预国家食品安全风险评估专家委员会和食品安全风险评估技术机构承担的风险评估相关工作。

独立性原则作为食品安全风险评估的一项基本原则，有其现实基础：一是恢复公众对食品及食品安全监管的信任；二是确保科学性在食品安全风险评估中的实现。欧盟《统一食品安全法》对该原则的规定包含以下几方面的内容：一是公共利益原则，即欧盟食品安全管理局及其各组成机构的行动依据只能是公共利益；二是欧盟食品安全管理局及其实施风险评估工作的科学委员会和科学小组的成员独立于任何外部影响采取行动，特别是，科学委员会和科学小组的成员独立于食品生产企业和其他利害关系人；三是行政上的独立，即食品安全风险评估与食品安全风险管理分离。欧盟食品安全管理局及其下属的科学委员会和科学小组对风险评估工作的主要环节具有独立自主的权力，不受政治、经济和其他因素的影响，真正实现了风险评估与风险管理的分离。

（三）科学性原则

从一系列的法律规定中我们可以看出风险评估是一个完全科学的程序，也是为最终的食品安全决策提供科学上的理论依据。国际食品法典委员会指出，风险评估是一个以"科学为依据"的过程。我国食品安全专家、第一届国家食品安全风险评估专家委员会主任陈君石先生在其文章中认为："风险评估是一个纯粹的专家行为，风险评估是独立评估，专家在工作中不受任何政治、经济、文化、饮食的影响"。食品安全风险评估的科学性在于，它立足于食物链的每一阶段，通过对可能存在的每种致害因子进行检测，研究确定这些因子的性质，或者对食品中这些因子的安全含量进行测算，这一系列分析的过程，不仅会运用到很多食品安全相关学科的知识，而且所采用的方法必须科学，得出的结论必须精准。同样，《中华人民共和国食品安全法》第十三条第四款规定：食品安全风险评估应当运用科学方法，根据食品安全风险监测、科学数据及其他有关信息进行；第十六条第一款规定：食品安全风险结果是制定、修订食品安全标准和食品安全实施监督管理的科学依据；《食品安全风险评估管理规定（试行）》第四条规定：食品安全风险评估以食品安全风险监测和监督管理信息、科学数据以及其他有关信息为基础，遵循科学、透明和个案处理的原则进行。

（四）透明性原则

透明性原则的含义是指实施风险评估的过程和结果都要公开和透明，是风险评估实施程序公正和实体公正的保障，有利于增强包括食品安全风险评估制度在内的食品安全监管体系的民主性和法治性，同样对于增强公众的信心和制度的信任度极其重要，风险评估实施部门应当通过召开研讨会、听证会、专家共识会、发布会等形式及时公开风险评估状况。对于此项原则，《食品安全风险评估管理规定（试行）》第十八条也作出规定：国家卫生健康委员会应当依法向社会公布食品安全风险评估结果；风险评估结果由国家食品安全风险评估专家委员会专家负责解释。

透明性原则是对食品安全风险评估公正性的要求，是维护公众知情权，实现公众监督权的保障，应当贯穿风险评估的整个过程。从食品安全标准的制定，风险评估制度相关立法，风险评估委员会的组成，具体风险评估的过程及其相关的文件资料到最终的评估结果都应当向社会公开透明。食品安全监管机构的权力必须在阳光下运行，才能让这些权力机构对公众负责，获得公众的监督和信任。美国食品药品管理局和农业部在风险评估中对任何可能产生影响的因素都要做出声明，并做清晰简明的记录，风险评估过程的开始、执行和完成都透明化。欧盟则基于"疯牛病"事件的教训和风险评估制度的民主性考虑，将透明性原则作为食品安全风险评估制度的基本原则，并以《获得文件的决定》和《执行透明度和保密性要求的决定》来确保实现。我国《食品安全风险评估管理规定》第十八条规定，国家卫生健康委员会应当向社会公布食品安全风险评估结果，是对透明性原则的确认，但与国际上对透明性原则的认同相比较，这一原则还没有成为贯穿风险评估制度整个过程的普遍性原则，妨碍了公众行使知情权和监督权。

（五）公众协商性原则

公众协商性原则是欧盟《统一食品安全法》最新发展的原则，此原则目的是保证透明性原则和科学上卓越性原则的实现，增强公众对食品安全监管的信任。欧盟提供了三种协商机制：一是利害关系人协商平台；二是组织有针对性的协商；三是专业媒体对问题协商过程的报道。《中华人民共和国食品安全法》中也相应规定了公众参与制度，如任何个人或者组织有权向相关部门了解食品安全信息，食品安全标准的制定应广泛听取消费者的意见等。国内学者对公众协商性原则的肯定探讨也与此相呼应，"公众参与到风险治理活动过程之中，将风险感知和利益注入最终的风险决定。公众在食品安全领域中与生产企业、政府、其他社会组织之间相互形成公共关系，并构成公共利益的前提和基础。"

第二章
畜产品风险评估方法

食品安全风险评估原则上包括危害识别（Hazard identification）、危害特征描述（Hazard characterization）、暴露评估（Exposure assessment）和风险特征描述（Risk characterization）四个步骤。每个步骤的具体内容和实施程度取决于风险评估目标和可获得的数据，可根据管理需要或风险评估类型（如应急评估等）确定风险评估工作的重点内容和步骤。

第一节 危害识别

危害识别是风险评估中的一个关键步骤，也是开展风险评估的第一步，是确定一种危害因素能引起生物、系统或（亚）人群发生不良作用的类型和属性的过程。该过程要求根据流行病学、动物试验、体外试验、结构-活性关系等的科学数据和文献信息，确定人体暴露于某种危害后是否会对健康造成不良影响、造成不良影响的可能性以及可能处于风险之中的人群和范围。危害识别注重对科学数据的综合分析，研究数据既可以来源于对人类和家畜的观察性研究或动物试验研究，也可以来源于实验室体外研究以及结构-活性关系分析。根据现有毒性和作用模式数据的评估结果，对不良健康效应的证据权重进行评价，以期发现任何可能引起人体健康危害的毒性或可能出现某种明确毒性的条件。危害识别的结论是国际通用的，其最终目标是杜绝任何事故的发生。

危害识别采用的是定性方法，对于化学因素（包括食品添加剂、农药和兽药残留、污染物和天然毒素）而言，危害识别主要是指要确定某种物质的毒性（即产生的不良效果），在可能时对这种物质导致不良效果的固有性质进行鉴定。实际工作中，危害识别一般采用动物和体外试验的资料作为依据。动物试验包括急性和慢性毒性试验，它们必须遵循广泛接受的标准化试验程序，同时必须实施良好实验室规范（GLP）和标准化的质量保证/质量控制（QA/QC）程序。

在对化学性危害因素进行危害识别时，需要了解待评估化学物的基本信息，包括化学结构、理化性质等，还要收集该化学物的毒性资料。例如在对猪肉中喹乙醇药物残留问题进行评估，不仅需要了解猪肉中喹乙醇代谢残留标志物的含量，还需要了解整个膳食中喹乙醇代谢残留标志物的总含量是否对人体造成危害。一是获得猪肉中镉的含量和其他摄入的畜产品中的喹乙醇代谢残留标志物含量。这就需要化学特征描述，采用统一的检测方法进行样品检测（专项采样）或者收集统一的检测方法得到的数据（如来自风险监测的数据或文献）。二是了解喹乙醇代谢残留标志物对人体可能造成的健康危害等毒理学资料。最直接反映有害物质毒性的是人群流行病学资料，包括曾经发生过的污染事件中观察到的健康损害的报道或临床病例资料。但是，由于严重污染才会导致明显的健康损害，流行病学和临床资料相对较少，要更全面地了解有害物质的危害，就要采用动物毒性试验、体外试验、定量构效关系分析等方法。以上各种资料的重要性依次为：流行病学资料>动物毒理学资料>体外毒理学资料>化学物构效关系资料。对于大多数已知的化学物质，通常不需要重新开展研究，而是通过对现有数据和国内外研究资料的收集、分析，进行危害识别。下面将对化学性危害因素的危害识别过程和内容进行阐述。

对于微生物，危害识别需要特别关注微生物在食物链中的生长、繁殖和死亡的动力学过程及其传播/扩散的潜力，危害特征描述需要考虑不同亚型的致病能力，环境变化对微生物感染率和致病力的影响、宿主的易感性、免疫力、既往暴露史等，微生物的剂量反应关系可以直接采用国内外权威评估报告及数据；对于无法获得剂量−反应关系资料的微生物，可根据专家意见确定危害特征描述需要考虑的重要因素（如感染力等）；也可利用风险排序获得微生物或其所致疾病严重程度的特征。

一、化学物质基本信息

与人类健康密切相关的化学物质主要包括食品添加剂、农药、兽药残留、污染物等。对化学物质进行危害识别时，了解化学物质的基本信息非常重要，包括化学物质的名称、结构、组分（包括同分异构体）、理化性质（分子式、分子量、密度、熔点、溶解度等）、实验室分析方法等。

二、毒性资料

毒性资料可通过查询毒理学相关文献、数据库等途径获得，如美国环保署（EPA）毒物释放目录（TRI）数据库、日本既存化学物毒性数据库、粮农组织/世界卫生组织/食品添加剂专家联合委员会（JECFA）的食品添加剂数据库、国际毒性风险评估数据库等。

（一）吸收、分布、代谢、排泄

试验初期研究物质的吸收、分布、代谢和排泄（ADME），有助于选择合适的试验动物种属和毒理学试验剂量。受试动物和人在 ADME 方面的任何定性或定量差异，可能会为识别暴露造成的危害提供重要信息。

（二）动物试验

由于流行病学研究费用昂贵，资料往往难以获得；而与体外试验相比，动物试验能提供更为全面的毒理学数据，因此危害识别中绝大多数毒理学资料主要来自动物试验。动物试验可以提供以下几个方面的信息：一是毒物的吸收、分布、代谢、排泄情况；二是确定毒性效应指标、阈值剂量或未观察到有害作用剂量等；三是探讨毒性作用机制和影响因素；四是化学物的相互作用；五是代谢途径、活性代谢物以及参与代谢的酶等；六是慢性毒性发生的可能性及其靶器官。

对于畜产品中的化学物，主要经口摄入。世界各国对动物试验和试验设计都出台了相关的标准要求，我国正在进行《食品安全性毒理学评价程序》中的 16 项相关标准制修订工作。常用于危害识别的动物试验主要包括急性毒性试验、重复给药毒性试验、生殖和发育毒性试验、神经毒性试验、遗传毒性试验等。

1. 急性毒性

急性毒性是指动物或人体 1 次经口、经皮或经呼吸道暴露于化学物后，即刻或在 14d 内表现出来的毒性。某些物质（例如某些金属、真菌毒素、兽药残留、农药残留）短期内摄入后能引起急性毒性。JECFA 在其评估中引入了急性毒性评估，必要时需要评估敏感个体产生急性效应的可能性。同样，粮农组织/世界卫生组织农药残留联席会议（JMPR）认为有必要对其评估的所有农药设定急性参考剂量（ARfD）。为了更准确地获取 ARfD，JMPR 对单次给药动物试验制定了指导原则，这是经济合作与发展组织（简称经合组织，OECD）制定试验指南的基础。

总地来说，动物急性毒性对食物化学物的危害识别作用并不大，是因为人体暴露量远远低于引起急性毒性的剂量，且暴露时间持续较长。但当急性毒性作为主要损害作用出现时，急性毒性试验可直接用于食物化学物的危害识别。

2. 重复给药毒性

重复给药毒性试验可从组织、器官和细胞水平上揭示毒作用的靶器官。其主要目的是检测人或实验动物每天接触食品中化学物或食物成分 1 个月或更长时间所出现的体内效应。重复给药毒性试验设计不仅要求识别潜在的毒性危害，而且还要确定毒作用靶器官的剂量-反应关系，从而确定毒作用的性质和程度。重复给药毒性研究的标准指南包括 OECD 啮齿类动物 28d 经口毒性试验，OECD 啮齿类动物 90d 经口毒性试验，OECD 非啮齿类动物 90d 经口毒性试验。

重复给药毒性实验作为危害识别的核心实验具有重要的意义。为危害识别提供了大量的实验数据，这些数据不仅与组织和器官损伤有关，而且还与生理功能和器官系统功能的细微变化有关。

3. 生殖和发育毒性

生殖和发育毒性试验的目的是：①评估由于形态学、生物化学、遗传或生理学受到干扰而可能出现的影响，多表现为亲代或子代的生育率或繁殖力降低；②评估子代的生长发育是否正常。

在生殖和发育毒性的研究领域中，更好地了解生殖神经内分泌学上的种属间差异，将有助于评估危害识别结果与人类的相关性。修改现行的生殖和发育毒性试验程序，以便更好地涵盖与内分泌干扰作用相关的终点指标，但某些食物化学物还需要进一步检测和重新评估。

4. 神经毒性

神经毒性试验的主要目的是检测在发育期或成熟期接触化学物是否会对神经系统造成结构性或功能性损害。这些可能的损伤包括从对情绪、认知功能的短期影响直到对中枢神经系统和外周神经系统产生永久性的不可逆损伤，而导致神经心理或感觉传导功能损害的一系列变化。

目前，对神经毒性试验的认识还存在很多方面的内容有待研究。这些内容包括：对神经心理学作用机制的了解；对种属间易感性、表现、神经毒性效应差异的了解；特别对于食品中的化学物质，需要进一步理解毒理学因素和营养因素对神经学终点的共同作用。

5. 遗传毒性

遗传危害的初步检测一般不采用体内动物试验，通常可以通过体外试验获得检测结果。然而，如果体外致突变试验结果阳性，则需要做进一步的体内试验来确定这种突变活性在整体动物中是否表现出来。但体外致突变谱和结构活性资料本身足以说明其体内活性时，也可不必进行体内试验。OECD 颁布的试验指南包括染色体畸变试验、啮齿类动物骨髓微核试验、体内哺乳动物肝细胞非程序性 DNA 合成（UDS）试验和精原细胞染色体畸变试验等。

6. 致癌性

致癌试验的主要目的是观察实验动物在大部分生命周期内，经给药途径摄入不同剂量的受试物后，以发生肿瘤作为暴露的终点，来确定通过不同机制增加不同部位肿瘤发生的物质。对于食品中的化学物质，主要指经口摄入。

（三）体外试验

体外毒理学试验主要用于毒性筛选，提供更全面的毒理学资料，也可用于局部组织或靶器官的特异毒效应研究。体外毒理学研究除了用于危害识别外，还可用于危害特征描述。随着分子生物学、细胞组织器官培养等生物技术的突飞猛进，为开展体外试验提供了良好的技术支撑。

目前，动物试验需要采用 3R 原则（减少、优化和替代），导致了替代试验的发展和试验设计的优化。体外试验主要的方法包括：急性毒性试验替代方法、遗传毒性/致突变试验体外方法、重复剂量染毒试验体外方法、致癌性试验体外方法、生殖发育毒性试验体外方法等。尽管体外试验和硅片技术进展较快，但这些方法来替代动物试验的时机尚不成熟。

三、流行病学资料

流行病学调查所得的是人体毒性资料，对于食品添加剂、污染物、农药残留和兽药残留的危害识别十分重要，因此是危害识别最有价值的资料。数据可能来自人类志愿者受控试验、监测研究、不同暴露水平的人群流行病学研究（例如生态学研究、病例-对照研究、队列研究、分析或干预研究），以及在特定人群进行的试验或流行病学研究、临床报告（例如中毒）、个案调查等。

人群流行病学的研究重点包括安全或耐受检测、食物/食物成分的营养或功效、受试物的代谢或毒代动力学、作用模式、动物试验中确认的潜在效应标志物、意外暴露污染物引起的不良健康效应等。风险评估采用的流行病学研究必须按照公认的标准程序进行。在流行病学研究的设计或应用流行病学研究阳性数据时需考虑人体敏感性的个体差异，还要考虑遗传、年龄、性别、社会经济、营养状况等可影响易感性的因素以及其他混杂因素。

四、定量构效关系

构效关系也即结构-活性关系，即化学物的生物学活性与其结构和官能团有关。当利用已知的结构类似化学同系物的资料或用确定的靶点资料来预测化学物质活性时，该方法十分有效。如果能同时预测化学物的人体摄入量，将有助于确定毒理学试验的设计方案。定量构效关系分析可采用定量结构活性关系（QSAR）模型，它可用于筛选、了解和预测化学物的活性，可估测化学物质的物理化学特性及毒性，并可采用分级法优选化学物质来进行下一步的试验。但该模型也存在一些局限性，如模型预测结果仅可用于被选为相关性基础的活性类型；建模时要求具备说明标准效应的生物学数据（例如生物学或毒理学重点），例如，如果试验条件不同（例如温度、pH 值、离子强度、种属、年龄等），则可能会影响生物学效应之间的可比性；QSAR 模型可能预测一组具有相同作用机制的化学物质的活性，但却不能预测一种非预期的活性类型等。

第二节　危害特征描述

危害特征描述一般是由毒理学试验获得的数据外推到人，计算人体的每日允许摄入量（ADI 值）；对于营养素，为制定每日推荐摄入量（RDI 值）。危害特征描述是风险评估的第二步，是对一种危害因素引起潜在不良作用的特性进行定性或者定量（可能时）描述，在可能的情况下应包括剂量-反应评估及其伴随的不确定性。危害特征描述可利用与危害识别过程相同的信息，包括来源于对人群的观察性研究、动物试验研究、实验室体外研究以及结构-活性关系分析的数据，确定关键效应（即随着剂量增加首先观察到的不良效应）、危害与各种不良健康效应之间的剂量-反应关系、作用机制等。其中，剂量-反应关系是危害特征描述的重要组成部分，而对于毒性作用有阈值的危害，应建立人体安全摄入量水平，确定健康指导值（HBGV）。健康指导值是一个在既定时间内（如终生或 24h）摄入某一化学物质而不会引起可见的不良健康效应的剂量。对已有健康指导值的物质，则综述相关国际组织及各国风险评估机构如 IPCS（国际化学品安全规划署）、JECFA（粮农组织/世界卫生组织食品添加剂联合专家委员会）JMPR（粮农组织/世界卫生组织农药残留专家联席会议）、JEMRA（粮农组织/世界卫生组织微生物风险评估专家联席会议）、EFSA（欧洲食品安全局）、BfR（德国联邦风险评估研究所）、FDA（美国食品药品监督管理局）、EPA（美国环保署）、FSANZ（澳新食品标准局）等的结果，选用或推导出适合本次评估用的健康指导值，如 ADI（每日允许摄入量）、TDI（每日耐受摄入量）等。化学性危害因素的危害特征描述，目前了解最多、积累经验也最丰富的领域是低分子量化学物的危害特征描述，如食品添加剂和食物污染物的危险性评估。传统上，危害特征描述是以试验动物对单个化学物的暴露资料为基础的。然而，当今社会对食物中的化学物质（如天然调味品、食物包装材料）安全性评价的需求日益增多，主要是通过复杂的毒理学检测程序来达到此目的。可通过毒理学方法描述毒物的一般作用机制、多器官交互作用以及化学物交互作用的特异性和复杂性。此外，还需描述导致相同种属和不同种属间毒性反应差异的原因，以及处于不同生命阶段或不同暴露条件下的反应差别。因此，危害特征描述主要解决以下问题：建立主要效应的剂量-反应关系；评估外剂量和内剂量；确定最敏感种属和品系；确定种属差异（定性和定量）；作用方式的特征描述，或是描述主要特征机制；从高剂量外推到低剂量以及从试验动物外推到人。对于在食品中含量很低，且化学结构已知、毒性数据很少或未知的化学物，可以采用毒理学关注阈值（TTC）的方法进行筛选评估。一般而言，危害特征描述不需要知道精确的毒理作用机制，只需要了解它的作用方式即可；如果毒性作用的机制是有阈值的，那么危害特征描述通常会建立安全摄入水平。剂量-反应关系研究是危害特征描述的主要内容。

目前共有 5 类不同的 TTC 值。具有警示性结构的遗传毒性物质（排除高潜能致癌物）的 TTC 值为 0.15μg/d。Cramer Ⅰ、Ⅱ 和 Ⅲ 类化学物的 TTC 值分别为 1 800μg/d、540μg/d 和 90μg/d。有机磷和氨基甲酸酯类化学物的 TTC 值为 18μg/d。为便于将 TTC 方法适用于包括婴儿和儿童在内的整个人群，考虑到婴儿和儿童的体重对暴露量的影响，故不同类别化学物质的 TTC 值采用千克为单位表示。

不适用于 TTC 评估方法的物质：高潜能致癌物（黄曲霉毒素样化学物、氧偶氮类化学物、N-亚硝基化学物、联苯胺）、无机物、金属及有机金属化合物、蛋白质、类固醇、已知或预知具有生物蓄积性的物质、不溶性纳米材料、放射性物质、具有未知化学结构的混合物。

一、剂量-反应评估

剂量-反应评估是描述暴露于特定化学物造成的可能危险性的前提，也是安全性评价的起点。剂量-反应关系是指随着外源化学物的剂量增加，对机体毒效应的程度增加；或出现某种效应的个体在群体中所占比例增加，其效应包括有害效应和适应性反应、阈值和非阈值反应。在常规的毒性研究中，剂量一般是指动物每千克体重所摄入化学物的量。通常，剂量-反应关系评估，是依据动物高剂量暴露实验数据推测人体的"安全"或可接受的剂量，其中需要考虑许多的不确定性，如种属间差异和低剂量外推（以高剂量实验结果推测实际低剂量暴露的效应）等。如果可能，还应考虑在消费环节中食品危害的不同暴露水平与各种不良健康影响的可能性间建立剂量-反应关系。剂量-反应评估方法一般有两种形式：一种是对风险进行定量（有时仅为定性）评估；另一种是制定健康指导值，常用于暴露可以控制的情形。对毒性反应定量评估有两个重点：一是要确定病理反应开始显现的剂量水平；二是要判断发生在最低剂量的反应是正常的生理性适应反应还是真正的损害作用。

剂量-反应关系是危害特征描述的核心内容，可用于建立剂量-反应关系的资料类型包括动物毒性研究、临床人体暴露研究以及流行病学数据。目前，剂量-反应关系多数是基于动物试验的毒理学资料得出的。JECFA 和 JMPR 将毒理学或流行病学资料用于危害特征描述主要通过下列 3 种方式：制定健康指导值；在剂量-反应曲线上特定点与人群暴露水平之间估计暴露限值（Margin of exposure，MOE）；人群特定暴露水平上的定量分析。此外，可用剂量-反应数据来确定理论上与某些特定风险水平相关的暴露水平。例如通过剂量-反应数据确定与一生中患癌症率的风险增加百万分之一相关的某化学物质的暴露水平。

剂量-反应关系可用剂量-反应关系曲线表示，只有对某种物质的剂量-反应曲线有足够的了解，才能预测暴露于已知或预期剂量水平时的危险性。健康指导值或 MOE 的计算需要在剂量-反应曲线上确定 1 个参考点或分离点（Point of departure，POD）。对已知反应的未观察到有害作用的剂量（No-observe-adverse-effect level，NOAEL）、阈值、观察到有害作用的最低剂量（Lowest-observed-adverse-effect level，LOAEL）、无作用剂量水平（No-observed-effect level，NOEL）、基准剂量（Bench mark dose，BMD）以及在最敏感种属中观察的临界效应的斜率，所有这些指标都是危险性评估的基础。目前，可用许多数学模型来描述剂量-反应数据。剂量-反应模型是对科学数据进行拟合的数学表达方法，描述了剂量与反应之间关系的特征。

二、建立健康指导值

健康指导值是针对食品以及饮用水中的物质所提出的经口（急性或慢性）暴露范围的定量描述值，该值不会引起可察觉的健康风险。建立健康指导值可为风险管理者提供风险评估的量化信息，利于保护人类健康的决策的制定。危害特征描述通常会建立安全摄入水平，即每日允许摄入量（Acceptable daily intake，ADI）或污染物的每日耐受摄入量（Tolerable daily intake，TDI）。对于某些用作食品添加剂的物质，可能不需要明确规定 ADI，即认为没必要制定 ADI 的具体数值。此外，健康指导值主要还有暂定每日最大耐受摄入量（Provisional maximum tolerable daily intake，PMTDI）、暂定每周耐受摄入量（Provisional tolerable weekly intake，PTWI）、暂定每月耐受摄入量（Provisional tolerable monthly intake，PTMI）。JECFA 提出，当人群暴露量接近关注的水平，而又缺乏可靠的数据支持时，就使用"暂定"一词，这体现了评估的暂时性。

ADI 被定义为终生每日摄入某种食品不会对健康产生可察觉到的风险的估计量值，以每千克体重的摄入量来表示 [mg/(kg·d)]。一般 ADI 值是以区间的形式表示的数值型 ADI，通常为 0~1 个上限值的范围，用这种形式表示是强调建立的可接受水平的上限。JECFA 通常根据最敏感物种的最低 NOAEL 值来制定 ADI。对于一些可在体内蓄积一段时间的污染物，JECFA 使用 PTWI 和 PTMI 制定耐受摄入量的原则与制定允许摄入量的原则相同。若某些添加剂具有相近的毒理学效应，可为这些添加剂建立组 ADI，限定它们的累计摄入量。化学结构相似的食物添加剂可能有理由归为 1 组。因为这类混合物中每种化学物质都产生相同的代谢产物，所以可应用简单剂量相加模式计算整体暴露量。组 ADI 值适用于组内所有成分，各种成分的总摄入量不能超过组 ADI。例如丙烯醇酯类化学物（1 类常用的香料，动物试验显示其代谢后可转化为丙烯醇而具有肝毒性），其 ADI 适用于组内所有丙烯基酯类化学物质的混合摄入。此外，根据 FAO/WHO 定义，化学物的急性参考剂量（Acute reference dose，ARfD）是根据评估时所有的资料，24h 或更短的时间内人体从食物和（或）饮水中摄取某种物质而不引起任何可观察到的健康损害的估计剂量，通常以单位/体重表示。当评判制定 ARfD 的必要性时，应利用证据权重法对整体数据进行审议，以确定重复剂量毒性试验中所出现的有害效应是否与单次暴露有关。最好能建立覆盖整个人群的健康指导值，其通常是建立在最敏感的关键健康指标的基础上，可保护最敏感的亚人群。然而，某些情况下，可建立针对某特定人群的第 2 个（或较高的）健康指导值。

三、主要数学方法和统计学技术

尽管各机构在评估中所使用的术语不完全相同，如 NOEL 和 NOAEL、ADI 与 TDI 及 ARfD、安全系数与不确定系数，但它们的研究方法基本相同，相关数学模拟和定量方法也已逐步成熟。

（一）阈值法

通常认为，以非肿瘤和非遗传毒性肿瘤为终点的毒性作用具有阈剂量。食物和膳食中低分子量化学物等大多数化学物，在剂量-反应关系的研究中都可获得 1 个阈值，危害特征描述一般采用阈值法。阈效应的确定并不是直接利用剂量-反应关系低剂量外推的结果，而是通过安全系数或不确定系数（考虑到种属间的差异和个体间的差异）得到 1 个代表阈值的剂量，该暴露剂量对人类不产生生物学明显的不良健康效应，如 ADI、TDI 以及 ARfD 等。对于有蓄积性的化学物质，多采用 PTWI 或 PTMI。

NOAEL 是在确定的暴露条件下，通过试验观察得到的不会对受试动物的健康带来可观察的不良改变的受试物的最大浓度或剂量。根据动物试验的结果推算 ADI 值时，假设人类比试验动物敏感 10 倍，人种之间敏感性的差异也是 10 倍，采用 100 作为不确定系数。将 NOAEL 值（也有用 NOEL 值）除以 100 得到 ADI 值。对 NOAEL 应用 100 倍的不确定系数（Uncertainty factor，UF），是所有从事有阈值效应的化学物质的危险性评估机构均能接受的标准方法。该方法易于应用，一直被 FAO、WHO 等机构采用，而且 WHO 确定了实施的指导原则和程序。通常默认的 100 倍系数值已广泛应用于各种具有不同毒代动力学或毒效动力性质的化学物，许多综述都对其正确性进行了评价。某些情况下，UF 是可以变化的，需根据不同的情况设定不同的 UF。如资料不充分，应使用较大的不确定系数。例如 WHO 在建立儿童三聚氰胺 TDI 时，首先默认 UF 为 100 来制定种族间和个体间的变异性，由于考虑到婴幼儿的敏感性，在 100 倍的 UF 上又额外添加了 1 倍，UF 定为 200。若被评估的添加剂与传统食品相近，经人体代谢后可转化为无毒的成分则可以使用较低的 UF。因此，在可能的情况下，使用与所评估数据更加特异相关的数值来替代简单的默认系数，如使用化学物质特异的调整系数，将会使危险性评估过程有更加科学的基础。我国兽药 ADI 值参照《食品安全国家标准　食品中兽药最大残留限量》（GB 31650—2019）及《食品安全国家标准　食品中 41 种兽药最大残留限量》（GB 31650.1—2022）。

（二）基准剂量法

另一种评估非癌症终点的方法是基准剂量（Benchmark dose，BMD）法。BMD 是指与本底相比，达到预先确定的损害效应发生率的统计学可信区间的低限。BMD 方法本质上并不是低剂量外推法。这个方法是将产生 1 个非零效应值或反应水平的暴露作为 POD 而进行风险评估。基准剂量低限值（Lower confidence limit of the benchmark-dose，BMDL）是 BMD 的 95% 可信区间的下限值就是基准剂量下限值。例如 BMDL01 就是指引起对照组动物中出现 1% 概率的不良反应的 95% 统计学可信区间下限值，其中 1% 为不良反应的基准水平。与 NOAEL 一样，BMDL 通过使用 UF，对可接受暴露水平，如 ADI（ADI=BMDLp/UFs）进行评估。BMD 和 BMDL 使用相同的 UF。在基准剂量法中，虽然不需要确定 NOAEL，但需要提供等级剂量–反应关系，用于建立最佳模型。因为该方法的 POD 不以确定不产生有害作用的暴露水平为基础，所以组内样本量大小不是最重要的，而得到具有显著剂量相关趋势的递进型单一反应的试验可为模型建立提供最佳试验依据。尽管相对于 NOAEL 法来说，BMDL 法利用更多的剂量反应信息，具有一定的优势，但它只适用于符合模拟要求的数据。因此，BMDL 并不能替代 NOAEL，应当作为一种额外的危险性评估工具，它可能对某些特定的危险性评估具有优势。

（三）无阈值法

对于没有阈值的化学物质，如遗传毒性致癌物，不存在一个没有致癌危险性的低摄入量（尽管专家们对此有不同的看法）。对于没有阈剂量的有害作用，可以采用低剂量外推或应用一些数学模型来研究。定量评估无阈值效应的危险性，通常使用动物试验中发病率的剂量–反应资料来估计与人类相关的暴露水平的危险性。由于曲线估计的不准确性，在动物试验观察范围内的剂量–反应曲线通常不能外推出低危险性的估计值。因此，最好选择适当的模型。其中，低剂量线性模型是最简单的模型，广泛适用于多种类型的实验数据。国际上使用的方法和模型各种各样，如线性多阶段模型和从剂量–反应曲线上的某一固定点（TD50、TD25、TD10、TD5 或 TOAEL）进行外推的简单线性外推法。

单一的危害特征描述方法不可能适合于各种类型的危险性评估，或者适用于各种食物类别和所有数据库。必须使用不同的方法，使得评价中所用的方法对于所发现的终点以及描述剂量–反应关系资料的数据量和质量都是最适合的。危害特征描述的试验方法已经有近 50 年的发展历史，积累了大量的资料以资比对。

传统的风险评估方法多以单一化学物质暴露为基础，而食品中存在的各种污染物、农药和添加剂等化学物质可能会通过多种机制的联合作用对人体形成累积暴露。WHO 在 1997 年就强调，应重视具有相同毒性作用机制的化学物质的联合暴露问题。近年来，化学物累积暴露形成的健康风险受到越来越多的重视。化学混合物危害特征描述逐步改进，危害指数（Hazard index，HI）、相对效能因子（Relative potency factor，RPF）、生理毒代动力学（Physiologically based toxicokinetic，PBTK）模型等方法逐渐发展起来。同时，危害特征描述的方法不断更新，技术不断进步。这为准确描述剂量–反应关系和将动物模型所得的结果外推奠定了基础，对风险评估中危害特征描述的准确性和可靠性具有重要意义。

第三节　暴露评估

继危害识别、危害特征描述之后，暴露评估是风险评估的第三步，该过程对通过食品或其他相关来源摄入的危害因素进行定性和（或）定量的评估，描述危害进入人体的途径，估算不同人群摄入危害的水平。暴露评估主要根据膳食调查和各种食品中化学物质暴露水平调查的数据进行，通过计算，可以得到人体对于该种化学物质的暴露量。进行暴露评估需要有关食品的消费量和这些食品中相关化学物质浓度两方面的资料，因此，进行膳食调查和国家食品污染监测计算是准确进行暴露评估的基础。暴露量受两个因素影响，膳食消费量和膳食中危害物的含量。前者的数据可通过食物平衡表、模式膳食、推荐食用量、膳食调查、科学文献查阅等方式获得；而后者的数据主要来源于最大使用水平/残留限量、总膳食研究、食物成分表、企业数据、监测数据、科学文献等。通常情况下，暴露评估将得出一系列（如针对一般消费者和高端消费者）摄入量或暴露量估计值，也可以根据人群（如婴儿、儿童、成人）分组分别进行估计。根据待评估化学物是否具有急性毒性，评估可分为急性暴露评估或慢性暴露评估。根据数据类型的不同，暴露评估可分为点评估、简单分布和概率评估。

本节以化学物为例对暴露评估进行简要的介绍。暴露评估者要对人体通过各种途径所暴露的化学物质的量进行定性或定量评估，需要考虑的内容包括暴露的某化学物质的剂量、频率和时间及暴露途径（如经皮肤、口、呼吸道）。按照暴露途径，暴露评估分为外暴露（即通过各种途径暴露化学物的量）和内暴露（即化学物质进入机体的有效剂量或与机体发生相互作用的有效剂量），对食品中的化学物质而言，外暴露评估就是摄入量的评估。

一、摄入量评估

主要包括以下 3 个方面：一是定量分析食物或膳食中存在的化学物质，包括在食物生产加工过程中的变化；二是确定含有相关化学物质的每种食物的消费模式；三是把消费者摄入大量特定食物的可能性和这些食物中含有高浓度相关化学物质的可能性综合起来进行分析。FAO/WHO 推荐的膳食暴露评估方法主要包括以下 3 种：一是总膳食研究（Total diet study，TDS）；二是单一食物的选择性研究（Selective study of individual foodstuffs）；三是双份饭法研究（Duplicate portion study）。

（一）总膳食研究

总膳食研究又称为"市场菜篮子研究"，是在对居民进行膳食消费量调查的基础上，对居民日常消费的食物数据进行聚类和抽样采集，按照当地菜谱烹调食物，使其成为能够直接入口的样品，通过实验室测定获得各类食物中化学污染物或营养素的含量，结合膳食消费量的数据，评价一个国家或地区大规模人群膳食中化学污染物和营养素摄入量。20 世纪 60 年代初期以来，许多国家已经开始进行 TDS，例如从 1961 年开始，美国食品药品管理局（US Food and Drug Administration，US FDA）每年进行 1 次 TDS，最开始是评估农药残留和大气层核试验对食物造成的辐射污染程度。英国从 1966 年开始进行 TDS，最初是针对膳食中的农药残留，之后增加了对重金属和其他食物成分的评估。从 1990 年开始，WHO 已经进行了 4 次全球性的以及多次区域性的 TDS 国际研讨会，致力于推广 TDS 以及建立 TDS 标准操作程序（Standards operation procedures，SOP）。目前，全球约有 20 多个国家将 TDS 列为常规的食品污染物监测计划，这些国家 TDS 获取的数据已经纳入了全球环境监测规划/食品污染监测与评估规划（Global environmental monitoring system，GEMS/Food），作为国际食品安全风险评估的重要依据，用于了解各个国家食品安全状况，制定国际食品安全标准和食品安全风险管理措施。我国已经在 1990—2019 年共开展了 6 次 TDS，2023 年正在开展第 7 次，评价我国居民膳食中的脂肪酸、钙、钠、镉、铅等常量和微量元素、污染元素、兽药残留、农药残留、真菌毒素、持久性有机污染物（Persistent organicpollutants，POPs）、食品加工过程污染物等项目的暴露水平，以及目前中国膳食的安全性，成为长期监测中国膳食质量的重要基础资料。这项工作不仅为评估食品安全风险和食品供应监管状况提供科学依据，也为风险管理者将有限的公共卫生资源集中于对人体健康具有最高风险的化学品和营养素提供重要依据。

（二）单一食物的选择性研究

单一食物的选择性研究是针对某些特殊污染物在典型（或称为代表性）地区选择指示性食品进行的研究。通过测定某些具有代表性的食物样品中的化学污染物和营养素的含量，结合这些食物的消费量数据，计算出平均每日膳食暴露量。它可以充分利用其他研究项目的信息，例如通过食物化学污染物监测项目等获得所需的食物中化学物质的含量，同时，利用现有的食物消费量数据（例如来源于居民营养与健康状况监测），计算出各种化学污染物和营养素的摄入量，目前此类评估方法国内外较为多见，如我国香港 2010 年对居民膳食铝暴露的评估，结合 1995 年香港成年人膳食调查，采集的是食品标签标识有含铝食品添加剂的预包装食品；我国深圳市疾病预防控制中心利用 2007—2008 年食品污染物监测网络采集的市售主要食品类别和 2002 年广东省居民营养与健康状况调查的各类食品消费量数据，对深圳市居民铅、镉进行了膳食暴露评估；丹麦对膳食中有机磷和氨基甲酸盐的膳食暴露研究就是利用 1995 年丹麦全国食物消费量调查和 1996—2001 年丹麦农药残留检测项目的数据进行计算得到的。单个食物的选择性研究的工作量相对较小，样品更容易得到，费用也较低，但由于此方法收集的食物样品多是未加工的，所以不能反映烹调加工对实际摄入量的影响，例如营养素、农药残留在烹调加工过程中的减少。另外一个不足之处是所涉及的食物样品有时不能代表整个人群的膳食。因此，仅能做初步的评估，较为粗略地反映人群化学物质和营养素的暴露/摄入水平。

（三）双份饭法研究

双份饭法被认为是膳食暴露评估的"金标准"，常用于评价其他方法的有效性，对于个体污染物摄入量的变异研究更为有效。双份饭法需要收集调查对象在调查期间消费的全部食物，然后进行实验室测定。这些食物样品包括 3 餐及餐间食物如零食、饮料等，均需准备 2 份，1 份供调查对象食用，并准确称量调查对象实际消费的食物重量，另 1 份混合成 1 个或多个食物样品，进行实验室测定，最后将得到的化学污染物和营养素的含量与调查对象实际消费的食物重量相乘计算出每个调查对象的化学物质的膳食暴露水平。但是双份饭法工作量大，采样的费用相对较多，样品采集相对困难，所以很难开展大规模的研究，而且，一般情况下，双份饭法不可能收集 7d 以上的膳食，所以不能代表长期的膳食消费水平，不具有人群代表性，只适用于小规模的调查研究。

双份饭法研究在许多国家实施过，1997 年 THOMAS 等发表了 1 份对 29 份双份饭法研究的总结报告，其中大多数研究的目的是估计有毒重金属、砷或必需元素的膳食暴露量。我国也进行过此类研究，采用重复饮食法测定了中国金湖地区儿童和成人的汞摄入量。

二、利用生物标志物进行内剂量和生物有效剂量的评估

生物标志物（Biological marker，biomarker）是指能反映生物体与环境因子（化学的、物理的或生物的）相互作用引起的生理、生化、免疫和遗传等多方面的分子水平改变的物质。生物标志物可分为接触生物标志物、效应生物标志物和易感性标志物。三者之间没有严格的界限，同一种标志物在一种情况下作为接触生物标志物，而在另一种情况下则可能作为效应生物标志物。利用生物标志物以及生物标本来评估进入机体的化学物质的量即为内剂量，包括：生物组织或者体液（血液、尿液、呼出气、头发、脂肪组织等）中化学物质及其代谢产物的浓度；化学物质进入机体后所引起的生物学效应的改变及进入机体后与靶器官相互作用生成继发产物的量。在过去十几年中，已经建立的生物学标志物主要是各种化学物质和致癌物在体内的代谢产物或与机体内大分子物质（如 DNA 或蛋白质）形成的加合物，将其作为反映机体内暴露的监测指标，如食品中污染物黄曲霉毒素、亚硝胺、多环芳烃、杂环胺、重金属与机体 DNA 或蛋白质形成的加合物等。通过这些效应生物标志物的检测，可以对人群内暴露水平以及引起的危害进行评估。例如对膳食镉、职业镉暴露引起的尿镉负荷、尿 β_2-微球蛋白、骨密度的变化，在了解环境、食物镉污染引起的人体健康危害研究中应用较为广泛，结果较为准确可信。

在食品污染物的生物监测中，除了上面这些以 DNA 和蛋白质加合物为主的效应生物标志物外，还有一些接触性生物标志物可以反映机体负荷水平，如脂肪中有机氯农药六六六和滴滴涕、多氯联苯和二噁英等可反映环境持久性污染物机体内暴露水平；GILBERT 等 2001 年报道通过双份饭法研究发现伏马菌素膳食暴露量与其在尿液中的排泄量之间存在显著的统计学关联（$r = 0.52$）。

三、整合食物消费量和化学物质含量

当获得食物消费资料和化学物质浓度数据时，通常采用以下三种方法中的一种来整合数据进行暴露评估。

（一）点评估（Point estimation）

在评估中，将食物消费量设为一个固定值（如平均消费量或高水平消费量），乘以固定的残留量/浓度（经常是平均残留量水平或法定最高允许水平），然后将所有来源的摄入量相加的一种方法。

（二）简单分布（Simple distribution）

将残留量/浓度变量设为一个固定值来与食物摄入量的分布进行整合的一种方法。通常使用计算机化的食物消费调查数据库，由于方法中考虑了食物消费模式的变异，因此其结果比点评估更有意义。

（三）概率分布（Probability）

如果根据初步膳食暴露评估的结果，不能排除是否存在安全性问题，就需要开展更加精细的膳食暴露评估。概率分布可以提供更多目标人群的膳食暴露，以估计变异性方面的问题，但并不表示概率方法会给出比确定性方法更低的膳食暴露评估结果。

四、暴露评估中的不确定性

（一）膳食消费量

膳食消费量一般来自膳食调查，膳食调查经常采用的方式包括：食物频率法、3d 24h 膳食回顾法、称重法等。一般食物频率法回顾的是 1 年的食物摄入状况，更能代表长期的膳食暴露情况；而回顾法是 3d 的摄入情况，更能代表短期暴露情况。同时，选用的膳食调查方法不同，食物消费量可能被低估或者高估，这都是暴露评估中的不确定性的来源。

（二）食物中化学物质含量

例如，对膳食中农药残留的暴露评估需要农药残留检测数据，在农产品监测中都是对初级农产品检测，未考虑烹调等加工过程对农药残留量的影响。使用这样的数据进行暴露评估，会高估人群的膳食暴露水平。考虑到暴露评估的变异性及不确定性，美国、欧盟等更多地使用概率模型进行污染物的急性膳食暴露评估。CALDAS 等在使用概率模型进行污染物的急性膳食暴露评估时指出，当烹调等加工因子不被考虑时，人群中二硫代氨基甲酸盐平均摄入量是考虑加工因子时的 4.4 倍。可见，忽略加工效应的暴露评估，与实际消费情况不符，在那些食用前需要被烹调的食物中尤为明显。

无论采用何种方法进行污染物的膳食暴露评估，忽视烹调加工因素都会影响评估的准确性，无法真实反映食品安全现状。

没有一种方法可以完整地对化学物质进行暴露评估。选择方法依赖于研究目的、主要关注的食物、可获得的群体资料或个体资料、化学物质的特点，以及其他可利用的资源。不同暴露评估方法的侧重点不同，例如双份饭法反映直接入口的所有食物的暴露情况，TDS 通常不包括在家庭外消费的食物。1997 年 MASSEY 等应用不同方法估计硝酸盐膳食暴露量，并对结果进行了比较，发现三者存在较大的差别：生物学标志物估计的暴露量为每人每日 157mg，食物频率调查法估计的暴露量为 108mg，TDS 的评估结果是 54mg。其原因可能是 TDS 没有包括家庭以外的食物消费等其他因素导致的硝酸盐暴露，也没有包括饮用水和饮料中的暴露；而用生物标志物估计的方法则将所有的来源都包括在内，但由于有一小部分的膳食蛋白会转化为硝酸盐，因而可能增大了暴露量。

综上所述，一项具体的暴露评估工作包括三个方面：食物中化学物含量数据、食物消费量数据以及这两方面数据的整合方法。目前我国食品安全风险评估领域较多使用的是确定性评估和简单评估，而概率分布评估由于对数据的要求较高，且需要复杂的计算机软件进行统计分析，耗时较长，成本较高，目前较少使用。而概率分布能更好地展现不同暴露水平人群分布状况，因此加强概率评估软件的开发和利用，可以促进我国食品安全风险评估工作的开展。

方法的选择取决于多种因素，包括评估的目的（目标化学物质、人群组、要求的准确度）和所拥有的资料。通过采用对已消费食品的更加精确信息（对于消费量数据、食物中化学物质的浓度数据、加工和食物烹调的影响等采用更少的保守性假设），或者采用更加复杂的暴露评估模型，通过模型则可以更加真实地反映消费者的行为。

1. 食品安全指数法（IFS）

食品安全指数法，可以用来评价农产品中某种危害物 C（农药残留、兽药残留、重金属等）对消费者健康影响的食品安全指数 IFS。当 IFSc<1 时，危害物 C 对食品安全没有影响；当 IFSc≤1 时，危害物 C 对食品安全影响的风险是可以接受的；当 IFSc>1 时，危害物 C 对食品安全影响的风险超过可接受限度，需进行风险管理程序。此外，不同化合物的 IFS 数据具有加和性是评价食品安全总体状态指数（IFS）的基础。王冬群等在连续阴雨条件下，采用安全指数法（IFS）对慈溪市草莓农药残留状况进行风险评估，其最终计算结果 IFS 值<1，说明所监测的 25 种农药在该段时间内对草莓的安全状况没有显著影响。郭海霞等结合膳食暴露评估，使用食品安全指数法

（IFS）对山东省 2017 年猪肉中 125 种兽药残留进行分析评估，通过判断 IFS≤1 的结论，得到当年山东省猪肉的安全状态是可接受的。朱凤等采用安全指数法（IFS）对不同类别蔬菜中铅、镉进行污染状况评价，结果表明，蔬菜中铅、镉的 IFS 均值均<1，叶菜类和芸薹类蔬菜中有部分样品的镉 IFS 值接近 1，由此得出南山区市售蔬菜存在铅、镉污染的风险，但污染程度较低，总体安全状态可以接受。

2. 危害物风险系数法（R）

危害物风险系数是衡量一个危害物风险程度大小最直观的参数，客观反映了危害物的超标率（P）、危害物的受关注程度即敏感因子（S）和施检频率（F）三者之间的关系。该方法能够直观全面地反映在一段时间内某种危害物的风险程度，因此常作为评估农产品风险程度的一种重要手段。计算公式如下：$R=aP+b/F+S$。式中，P 为危害物的超标率，F 为危害物的施检频率，S 为危害物的敏感因子，a、b 分别为响应的权重系数。值得注意的是 P、F、S 是随考察时间区段而动态变化的关系，使用该方法时要根据具体情况选择长期风险系数、中期风险系数和短期风险系数。陈秋玉等人采用该方法对猪肉及其制品进行抽检评价，结果显示盐酸克伦特罗的风险系数高，危险程度大，可确认为高风险危害物。徐广洲等也应用危害物风险系数法对盐城市售蔬菜农药残留状况进行了调查和风险评估。马鹏程等分析了粤北星子河 12 种水生生物样品中 Cd、Cr、Cu、Pb、Ni 和 Zn 6 种金属元素的含量水平，并利用综合污染指数法和目标危害系数法对水生生物中重金属的污染特征及其健康风险进行评价，结果表明，不同水生生物对重金属的富集程度存在明显差异，重金属的含量水平顺序依次为：Cd<Ni<Pb<Cr<Cu<Zn；鱼类富集重金属明显低于贝类。在贝类样品中，Cr、Pb 和 Zn 的含量均出现超标现象。鱼类重金属综合污染指数<1，属于微污染；而田螺重金属综合污染指数>1，属于轻度污染水平。不同鱼类中重金属的复合健康危害系数（TTHQ）均<1，且每周评估摄入量（EDI）均远低于暂定每周允许摄入量（PTWI），居民通过鱼类摄入重金属的健康风险较低；田螺中重金属对人的复合健康危害系数>1，长期食用田螺存在较高的健康风险，风险较高的重金属元素为 Cr、Pb、Zn。

3. 层次分析法（AHP）

层次分析法是由美国运筹学家 A. L. Saaty 于 20 世纪 70 年代提出，是一种定性与定量相结合的决策分析方法。该方法需要把问题层次化，按问题性质和总目标将此问题分解成不同层次，构成一个多层次的分析结果模型，最底层（供决策的方案、措施等）是确定相对于最高层（总目标）的相对重要性权值或对相对优劣次序进行排序。韩建欣等应用层次分析法通过分析存在孔雀石绿、氯霉素、硝基呋喃类、喹诺酮类药物残留风险的出口水产品，确定了其中药物残留状况及相对严重程度，并建立数学模型对出口水产品中兽药残留进行风险评价。

4. 点评估模型

点评估模型是将农产品消费量和固定的残留物含量或浓度两者相乘。点评估一般采用农产品高消费量和污染物高残留量进行计算。农产品中农药残留分析一般采用点评估模型。该方法操作简单、便于理解。陈星星等采用单因子污染指数法分析2017年4月采集的三门湾海域扁玉螺、荔枝螺、弹涂鱼、泥蚶、拟穴青蟹和四角蛤蜊6种常见水产品中铬、镍、铜、砷、镉、铅等重金属的残留水平,并采用点估计法,通过计算水产品体内的重金属暴露风险商(HQ)评价食用上述6种水产品可能导致的健康风险。结果显示,不同水产品中重金属含量差异较大。被试水产品中总砷含量均超过无机砷限量值。荔枝螺中的镉、扁玉螺和拟穴青蟹中的铬,以及扁玉螺、泥蚶、四角蛤蜊和拟穴青蟹中的镍含量较高,处于中度污染水平。HQ显示,成人和儿童仅在过量食用荔枝螺时存在镉的暴露健康风险,砷的食用风险要根据具体形态进一步分析。

5. 累计风险评估法

累计风险评估法是目前食品安全领域的研究热点,可对不同化学物质同时暴露的总体健康效应或风险进行综合评价,其主要基础是机体每天暴露于多种化学物质,这些化学物质可能通过不同机制产生联合作用,增强或降低单一化学物质的健康效应。为更加科学地评估农产品中各种危害物的总体健康风险,有必要开展危害物联合暴露的累积风险评估方法研究。

第四节　风险特征描述

作为食品安全风险评估的最后一个步骤,风险特征描述是通过整合并综合分析危害特征描述与暴露评估的信息,评估目标人群的潜在健康风险,为风险管理决策制定提供科学方面的建议。国际食品法典委员会(CAC)将风险特征描述定义为:在危害识别、危害特征描述和暴露评估的基础上,对特定人群中发生已知的或潜在的健康损害效应的概率、严重程度以及评估过程中伴随的不确定性进行定性和(或)定量估计。风险特征描述需整合毒性程度、蓄积性、多种危害因素的联合作用以及健康指导值等危害评估的结果和暴露水平、暴露频率、暴露时间等暴露评估的结果,并引入不确定性分析和敏感度分析,对危害的风险进行专业判断。在此基础上,若需要进一步完善风险评估,还有必要提出下一步工作的数据需求和未来的研究方向等。对于有阈值的物质的风险特征描述是将估计的或计算出的人体暴露值与健康指导值进行比较。鉴于健康指导值本身已经考虑了安全系数或不确定系数，因此少量或偶尔的膳食暴露超过根据亚慢性或慢性研究得到的健康指导值，并不意味着一定会对人体健康产生副作用。对于既有遗传毒性又有致癌性的物质，通常认为不适合作为食品添加剂、农药或兽药。风险特征描述可采取不同的形式，计算在引起较低但确定的肿瘤发生率（通常来自动物试验）的剂量与人体估计暴露量之间的 MOE（有效性量度）；用超出动物试验观测剂量范围的剂量-反应分析来计算理论上与人体估计暴露值相关的肿瘤发生率或与预定的肿瘤发生率（如一生中癌症风险增加百万分之一）有关的暴露量。

一、基于健康指导值的风险特征描述

对于有阈值效应的化学物质，FAO/WHO 食品添加剂联合专家委员会（JECFA）、FAO/WHO 农药残留联席会议（JMPR）、欧洲食品安全局（EFSA）等国际组织或机构通常是以危害特征描述步骤推导获得的健康指导值为参照，进行风险特征描述，也就是通过将某种化学物的膳食暴露估计值与相应的健康指导值进行比较，来判定暴露健康风险。如果待评估的化学物质在目标人群中的膳食暴露量低于健康指导值，则一般可认为其膳食暴露不会产生可预见的健康风险，不需要提供进一步的风险特征描述的信息。以反式脂肪酸为例，根据国家食品安全风险评估中心（CFSA）的风险评估结果，我国居民的膳食反式脂肪酸平均供能比为 0.16%，大城市为 0.34%，均远低于 WHO 所设定的健康指导值（1%），因此可认为目前我国居民反式脂肪酸摄入风险总体较低。然而，当膳食暴露量超过健康指导值时，就要谨慎地对健康风险进行判定及描述其相关特性，因为数值本身并不能作为向风险管理者和消费者提供暴露健康风险信息的唯一依据，还需要综合考虑其他相关因素。因为健康指导值本身在推导过程中已经考虑了一定的不确定系数或安全系数，所以对于以慢性毒性为主要表现的化学物质，其膳食暴露量偶尔或轻度超出健康指导值，并不意味着一定会对人体产生健康损害作用。对于急性毒性，若估计的膳食急性暴露量超过了急性参考剂量（ARFD），可能产生的健康风险应根据具体情况进行分析，例如考虑是否需要进一步进行精确暴露评估。

当待评估化学物的膳食暴露水平超过健康指导值时，若需做进一步的具体描述，向风险管理者提供针对性的建议，则需要详细分析以下因素：一是待评估化学物质的毒理学资料，如观察到有害作用的最低剂量水平（LOAEL）、健康损害效应的性质和程度、是否具有急性毒性或生殖发育毒性、剂量-反应关系曲线的形状；二是膳食暴露的详细信息，如应用概率模型获得目标人群的膳食暴露分布情况、暴露频率、暴露持续时间等；三是所采用的健康指导值的适用性，例如是否同样对婴幼儿、孕妇等特殊人群具有保护性。以鱼类中的甲基汞为例，其健康指导值，即暂定的每周可耐受摄入量（PTWI）的推导是建立在最敏感物种（人类）的最敏感毒理学终点（神经发育毒性）的基础上，而生命其他阶段对甲基汞毒性的敏感性可能较低。因此当膳食甲基汞暴露量超过 PTWI 值时，JECFA 认为风险特征应针对不同人群进行具体分析：对于除了孕妇之外的成年人，膳食暴露量只要不超过 PTWI 值的 2 倍，即可认为无可预见的神经毒性风险；而对于婴儿和儿童，JECFA 认为其敏感性可能介于胎儿和成人之间，但因缺乏详细的毒理学资料，暂时无法进一步给出一个明确的不会产生健康风险的暴露值。另外，JECFA 还指出，考虑到鱼类的营养价值，建议风险管理者分别对不同的人群亚组进行风险和收益的权衡分析，以提出具体的鱼类消费建议。

二、遗传毒性致癌物的风险特征描述

对于既有遗传毒性，又具有致癌性的化学物质，一方面，传统的观点通常认为它们没有阈剂量，任何暴露水平都可能存在不同程度的健康风险；另一方面，通过实验获得的未观察到致癌效应的剂量水平可能仅代表生物学上的检出限，而不一定是实际的阈值水平。因此，对于遗传毒性致癌物，JECFA、JMPR、EFSA 等国际机构不对其设定健康指导值。JECFA 建议对食品中该类物质的风险特征描述可采用以下方法：

（一）ALARA（As low as reasonably achievable）原则

即在合理可行的条件下，将膳食暴露水平降至尽可能低的水平。这是一个通用性的原则，是在缺乏足够的数据和科学的风险描述方法的前提下，为最大限度保护消费者健康所提供的建议。但是该原则并未考虑待评估化学物的致癌潜力和特征、膳食暴露水平等因素，因此，其现实指导意义不大，无法向风险管理者和消费者提供有针对性的建议措施。

（二）低剂量外推法

对于某些致癌物，可假设在低剂量反应范围内，致癌剂量和人群癌症发生率之间呈线性剂量反应关系，获得致癌力的剂量-反应关系模型，用以估计因膳食暴露所增加的肿瘤发生风险。例如食品中黄曲霉毒素的风险评估中，JECFA 根据所推导的黄曲霉毒素 B_1 致癌强度的剂量-反应关系函数，对不同暴露水平致肝癌的额外发病风险进行了预测。需要注意的是，在进行剂量外推的过程中，必须根据经验选择适宜的数学模型，随着选用模型的不同，风险估计值的结果可能相差较大，并且数学模型无法反映生物学上的复杂性。该方法较为保守，通常会过高估计实际的风险。

（三）暴露限值（Margin of exposure，MOE）法

MOE 是动物试验或人群研究所获得的剂量-反应曲线上分离点或参考点［即临界

效应剂量，如 NOAEL 或基准剂量低限值（BMDL）］与估计的人群实际暴露量的比值，计算公式为 MOE = BMDL/暴露水平。风险可接受水平取决于 MOE 值的大小，MOE 值越小，则化学物膳食暴露的健康损害风险越大。2005 年，JECFA 第 64 次会议上首次提出，针对遗传毒性致癌物，建议采用 MOE 法进行风险特征描述。目前，MOE 法是在对食品中遗传毒性致癌物进行风险特征描述过程中最常应用的方法。与其他方法相比，MOE 法在风险特征描述中具有以下优点：实用性和可操作性强，MOE 法结果直观地反映了实际暴露水平与造成健康损害剂量的距离，易于判断和理解；可用于确定优先关注和优先管理的化学物质，若采用一致的方法，可通过比较不同物质的 MOE 值以帮助风险管理者按优先顺序对各类化学物质采取相应的风险管理措施。然而，目前尚没有一个国际通用标准用来判定 MOE 值达到何种水平方表明危害物质的膳食暴露不对人体产生显著健康风险，这与不同机构评估过程中计算 MOE 值时所选用的数据类型、数据质量及化学物的毒理学资料等因素有关。对于遗传毒性致癌物，加拿大卫生部以 MOE 值 <5 000、5 000~500 000 以及 >500 000 分别对应高、中、低优先级别的风险管理顺序；英国致癌化学物委员会、EFSA 则认为当 MOE 值达到 10 000 以上时，待评估化学物的致癌风险已经很低。

除了遗传毒性致癌物，MOE 法还可应用于对某些因数据不足暂未制定健康指导值的化学物质的风险特征描述，例如 JECFA 在第 64 次会议上，采用 MOE 法对丙烯酰胺、氨基甲酸乙酯、多环芳烃类等物质进行了风险特征描述，EFSA 采用 MOE 法对铅进行了风险特征描述。

三、化学物质联合暴露的风险特征描述

对食品中化学物质风险评估的传统方法，以及风险管理者制定的管理措施都是基于单个物质暴露的假设而进行的。但实际情况可能是食品中存在多种危害化学物质，人们每天可通过多种途径暴露于多种化学物质，而这种联合暴露是否会通过毒理学交互作用对人体健康产生危害，如何评估联合暴露下的人群健康损害风险，已逐渐成为风险特征描述的研究热点以及风险管理者所关注的问题。

化学物质的联合作用包括 4 种形式：剂量相加作用、反应相加作用、协同作用和拮抗作用。但根据以往的研究经验，除了剂量相加作用之外，若每种单体化学物质的暴露水平均不足以产生毒性效应，那么各种化学物质的联合暴露通常不会引起健康风险。因此以下主要对剂量相加作用及其对应的风险特征描述方法进行介绍。

在食品安全风险评估领域中，剂量相加作用和相应的处理方法是研究的较为深入的 1 种联合作用方式。该情形通常发生于结构相似的 1 组化学物质间，若它们可通过

相同或相似的毒作用机制引起同样的健康损害效应，当其同时暴露于人体时，即使每种物质的个体暴露量均很低而无法单独产生效应，但是联合暴露却可能因剂量相加作用而对人体产生健康损害风险。针对具有剂量相加作用的 1 类化学物质，目前常用的风险特征描述的方法如下。

①对毒作用相似的 1 类食品添加剂、农药残留或兽药残留，建立类别 ADI，通过将总暴露水平与类别 ADI 值比较进行风险特征描述，JMPR 采用该方法对作用方式相同的农药残留进行评估。

②毒性当量因子（TEF）法，即在 1 组具有共同作用机制的化学物质中确定 1 个"指示化学物质"，然后将各组分与指示化学物质的效能的比值作为校正因子，对暴露量进行标化，计算相当于指示化学物浓度的总暴露，最后基于指示化学物质的健康指导值来描述风险。例如 JECFA 在对二噁英类似物进行风险评估的过程中，采用了TEF 法，以 2,3,7,8-四氯代二苯并二噁英（TCDD）为指示物进行风险特征描述。

四、不确定性分析

风险评估是一个以已知数据进行科学推导的过程，不可避免地会包含不确定性。在对食品中的化学物质进行定量风险评估的过程中，存在所选用的数据、模型或方法等方面的局限性，如数据不足或研究证据不充分等，均会对风险评估结果造成不同程度的不确定性。因此，在风险特征描述的过程中，还需要对各种不确定因素、来源及对评估结果可能带来的影响进行定性或定量描述，为风险管理者的决策制定提供更为全面的信息。

不确定性主要来源于危害特征描述和暴露评估步骤。危害特征描述的不确定性又主要包括 2 个部分。

①健康指导值制定过程中的不确定性，这部分主要与试验结果的外推（包括从实验动物外推到人以及从一般人群外推到特定人群）和试验数据的局限性有关；通常采用一定的不确定系数或化学物特异性调整系数（CSAF）进行校正等方案解决，系数的具体确定方法在危害特征描述部分已做了介绍。

②剂量-反应评估过程的不确定性，这部分则主要包括 3 种来源：一是以小样本的单一试验来推断总体人群的情形时所产生的抽样误差；二是试验设计的差异带来的不确定性，不同的试验设计、方案、选用模型往往会推导出不同的剂量-反应关系；三是由于剂量-反应剂量之间的内推或观察剂量范围之外的外推过程所产生的不确定性。以上这些不确定因素可通过统计学方法，如概率分布或概率树进行定量分析和表述。

　　暴露评估过程的不确定性主要包括2类：一是选用数据的不确定性，影响因素包括化学物质含量数据或消费量数据的代表性、数据之间的匹配度、检测数据的精确度等；二是暴露评估模型和参数估计的不确定性，例如模型基于的关键假设和参数的确定、默认值的选用等，这主要科学知识的全面性有关。对于暴露评估过程中的不确定性，可以通过改进抽样方案以提高样本的代表性、增加样本量、提高检测的精确度来降低不确定性，或采用概率分布或概率树的方法进行描述。

　　在风险评估实践中，对所有的不确定因素进行复杂的定量分析往往是行不通的，需要重点阐明的有2点：一是风险评估过程中不确定性的主要来源，在可行的情况下，进行半定量估计（例如将不确定性的程度分为高、中、低3个等级），分析其对风险评估结果可能带来的影响（例如是趋向于增加还是降低评估结果的保守性）；二是评估过程的局限性，并提出未来的研究方向或数据需求，以进一步完善风险评估。

　　综上所述，作为食品安全风险评估的最后一个部分，风险特征描述的主要任务是整合前3个步骤的信息，综合评估食品中危害化学物质致目标人群健康损害的风险及相关影响因素，旨在为风险管理者、消费者及其他利益相关方提供基于科学的、尽可能全面的信息。因此，在风险描述过程中，不仅要根据危害特征描述和暴露评估的结果对各相关人群的健康风险进行定性和（或）定量的估计，而且还必须对风险评估各步骤中所采用的关键假设以及不确定性的来源、对评估结果的影响等进行详细的描述和解释；在此基础上，若需要进一步完善风险评估，还有必要提出下一步工作的数据需求和未来的研究方向等。

第三章
畜产品中药物残留风险评估

随着国民经济的发展和人民生活水平的提高，畜产品质量安全日益受到社会的关注，人们对畜产品的需求已由原来的需求型转变为质量型。无公害、绿色、有机畜产品越来越受到欢迎。目前，影响畜产品质量安全的主要因素是畜禽在生长过程中，不正确地使用兽药和饲喂不安全的饲料，导致畜产品药物残留。

兽药残留（Residues of veterinary drug）是"兽药在动物源食品中的残留"的简称，根据 FAO/WHO 食品中兽药残留联合立法委员会的定义，兽药残留是指动物产品的任何可食部分所含兽药的母体化合物及（或）其代谢物，以及与兽药有关的杂质。所以，兽药残留既包括原药，也包括药物在动物体内的代谢产物和兽药生产中所伴生的杂质；残留量一般很低，一般以 $\mu g/mL$ 或 $\mu g/g$ 计量。但由于蓄积对人体健康的潜在危害严重，影响深远。近年来，国内外因兽药残留引起的畜产品的安全问题已引起国际社会的广泛关注和各国政府的高度重视。降低药残、提高畜产品的质量安全水平是一个复杂的工程，涉及安全优质兽药、饲料及饲料添加剂的生产、经营和使用，畜禽的科学饲养与管理，畜禽疫病的有效防治，畜禽的科学屠宰，畜产品的加工、包装、储藏和销售等多个环节，在众多环节中，最核心的工作是兽药残留控制。

第一节　药物残留主要来源

兽药在防治动物疾病、提高生产效率、改善畜产品质量等方面起着十分重要的作用。然而，由于养殖人员对科学知识的缺乏以及一味地追求经济利益，致使滥用兽药现象在当前畜牧业中普遍存在。滥用兽药极易造成动物源食品中有害物质的残留，这不仅对人体健康造成直接危害，而且对畜牧业的发展和生态环境也造成极大危害。其中，养殖环节用药不当是产生兽药残留的最主要原因。产生兽药残留的原因主要有以下几个方面。

一、兽药生产环节

《兽药管理条例》明确规定：兽药的标签或者说明书，应当以中文注明兽药的通用名称、成分及其含量、规格、生产企业、产品批准文号（进口兽药注册证号）、产品批号、生产日期、有效期、适应证或者功能主治、用法、用量、休药期、禁忌、不良反应、注意事项、运输贮存保管条件及其他应当说明的内容。有商品名称的，还应当注明商品名称。但一些兽药生产企业为了追求利益，在产品中违规添加化学物质，但不在标签中进行说明；或含量与标示量不相符；或者生产成分一样，剂量、学名、适应证描述不同的药物，让养殖场户盲目购买，重复使用相同成分药物，造成兽药残留超标。如在 2023 年第二季度部级跟踪检验不合格非生物制品类兽药产品中，某批次酒石酸泰乐菌素可溶性粉中检出非处方成分沙拉沙星，某批次盐酸氨丙啉磺胺喹噁啉钠可溶性粉中磺胺喹噁啉钠含量为标示量的 134.5% 等。兽药制假售假不仅扰乱市场秩序，对消费者也造成很大的伤害。因此，为加强兽药管理，严厉打击兽药违法行为，保障动物产品质量安全，根据《兽药管理条例》有关规定，兽药严重违法行为可以从重处罚。经营假、劣兽药的，没收非法所得，并处 2 倍以上 5 倍以下罚款，生产、经营假、劣兽药，情节严重的，吊销兽药生产许可证、兽药经营许可证；构成犯罪的，依法追究刑事责任。

二、动物养殖环节

由于部分养殖场户缺乏科学用药意识，在养殖生产环节为获得经济利益，存在不遵守用药规定与药物休药期不足，未按规定的给药途径、用药剂量、用药部位用药，未分别动物生产性能违规用药，或重复使用几种商品名相异但成分相同的药物等现象。导致药物在动物体内残留量增大或残留时间延长，从而造成畜产品药物残留超标。

药物的休药期在保障食品安全中起重要作用，国家历来十分重视休药期的管理。休药期，也叫消除期，是指动物从停止给药到许可屠宰或它们的乳、蛋等产品许可上市的间隔时间。休药期是依据药物在动物体内的消除规律确定的，就是按最大剂量、最长用药周期给药，停药后在不同的时间点屠宰，采集各个组织进行残留量的检测，直至在最后那个时间点采集的所有组织中均检测不出药物为止。休药期随动物种属、药物种类、制剂形式、用药剂量、给药途径及组织中的分布情况等不同而有差异。经过休药期，暂时残留在动物体内的药物被分解至完全消失或对人体无害的浓度。不遵守休药期规定，造成药物在动物体内大量蓄积，产品中的残留药物超标，或出现不应有的残留药物，会对人体造成伤害。到目前为止，只有一部分兽药规定了休药期，由于确定一个药品的休药期的工作很复杂，还有一些药品没有规定休药期，也有一些兽药不需要规定休药期。

我国畜牧业尤其是禽类养殖中农户分散养殖还很多，养殖户防疫与风险意识比较薄弱，没有一套完整的防疫方案，遇到畜禽有病就打针，违背我国动物防疫法"对动物疫病实行预防为主的方针"。他们大多是坚持"治大于防"的原则，忽视防疫的重要性，导致防疫体系不完善，疾病随之增多，兽药使用量增大，兽药残留发生的概率也随之增加。

三、动物屠宰环节

近年来，有些屠宰企业为赚取黑心钱，违规收购一些有临床症状的畜禽，试图用兽药掩饰其临床症状；有些屠宰企业也会在屠宰前，违法给畜禽注入污水、化学物质，以增加重量，提高肉的外观亮度。所以，宰前检验的作用非常重要。《中华人民共和国畜牧法》第六十九条规定，国务院农业农村主管部门负责组织制定畜禽屠宰质量安全风险监测计划，对屠宰企业进行监管。

宰前检验（Antemortem inspection）指屠宰动物在宰杀前为防止疫病传染，杜绝宰杀种畜、母畜及仔畜而实行的兽医卫生检验方法，以保证健康动物交付屠宰。这在保证畜产品健康安全尤为重要。宰前检验的目的是筛选出怀疑患病或受伤的食用动物作隔离屠宰。这有利于防止房舍、设备、屠体和工作人员受到污染，方便采取适当的控制、消毒及预防措施，避免疾病传播。在宰前检验中所注意到的异常迹象和有关食用动物的状况，会被用作支持宰后检验。此举确保只有安全及健康的肉类会被供应到市场。

农业农村部门坚持"零容忍"，严查养殖屠宰环节使用禁限用药物行为，乡镇农产品质量安全监管服务机构要加大日常巡查检查力度，用好快速检测手段，实行精准监管。在农兽药经营门店、种植养殖基地和合作社场所张贴禁限用药物清单等宣传资料。县级农业农村部门要充分利用限用农药经营购销台账，对限用农药实际用途与标签标注的使用范围不一致的，应依法严厉查处；加大监督抽查力度，提高抽检比例，发现不合格产品及时向社会公布，对违法行为跟进开展执法查处，强化行政执法与刑事司法衔接。实践中，畜禽注药后，由于药物代谢原因，往往难以从肉品中检出药物残留，进而造成取证难、鉴定难、定性难的问题。根据相关规定，在屠宰相关环节只要证明有注药行为，销售金额在5万元以上的，即可按照生产、销售伪劣产品罪定罪处罚。此外，对畜禽注水注药违法犯罪通常发生在私屠滥宰窝点，对此，农业农村部规定，私设生猪屠宰厂（场），从事生猪屠宰、销售等经营活动，情节严重的，可按照非法经营罪定罪处罚。

第二节　药物残留风险因子危害识别

畜产品中的药物残留主要包括激素类药物、抗生素和农药残留等。养殖户为了促进畜禽生长，在饲料中添加激素等违禁添加物；在治疗、防疫时滥用抗生素或在饲料中添加抗生素药渣；在饲料作物上滥用农药等导致药物在畜禽胴体、内脏、鸡蛋、牛奶中农药残留。这些残留会引起人体内慢性蓄积，产生过敏反应及病菌耐药性、"三致"等作用。这种违禁用药或药残超过安全质量的畜产品，摄食后将直接危害人体健康。在检测药物在畜禽产品中的残留时，应确定残留标志物（Marker residue），就是动物用药后在靶组织中与总残留物有明确相关性的残留物。可以是药物原形、相关代谢物，也可以是原形与代谢物的加和，或者是可转为单一衍生物或药物分子片段的残留物总量。

一、抗生素类药物残留

抗生素残留是指因动物在接受抗生素治疗或食入抗生素添加剂后，抗生素及其代谢物在动物的组织及器官内的蓄积及贮存。抗生素的残留对人体有很大的毒害性，可使人体产生耐药菌株、过敏，甚至致死、致癌等。抗生素在人体内的代谢物质甚至比原药毒性更强，可能还有致癌、致畸、致突变的作用。针对兽药残留的现状，国家发布了《食品安全国家标准　食品中兽药最大残留限量》（GB 31650—2019）和《食品安全国家标准　食品中41种兽药最大残留量》（GB 31650.1—2022），这两个标准内容详尽、范围全面。GB 31650—2019规定了在畜禽产品、水产品及蜂产品中需要制定限量的兽药104种、2 191项兽药残留限量及使用要求；允许作治疗用，但不得在动物性食品中检出的兽药9种；不需要制定最大残留量的兽药154种。GB 31650.1—2022规定；需要制定限量的兽药41种，122个限量值，是对GB 31650—2019的补充。这两个标准几乎将我国所有常用兽药品种和主要动物源性食品都覆盖在内，我国畜禽产品的安全控制也因此达到新高度。

（一）氯霉素残留

氯霉素（Chloramphenicol，CAP）是在1974年由委内瑞拉链丝菌的培养液中提取制得，是一类广谱抗生素。因其分子中含有1个不游离的氯，故名氯霉素。化学式

为 $C_{11}H_{12}Cl_2N_2O_5$，易溶于甲醇、乙醇、丙醇及乙酸乙酯，微溶于乙醚及氯仿，不溶于石油醚及苯。氯霉素极稳定，其水溶液经 5h 煮沸也不失效。由于氯霉素分子中有 2 个不对称碳原子，所以氯霉素有 4 个光学异构体，其中只有左旋异构体具有抗菌能力。

由于它具有极好的抗菌作用和药物代谢动力学特性曾被广泛用于动物生产。对其敏感的细菌有大肠杆菌、产气杆菌、伤寒杆菌、流感杆菌、沙门氏菌、布鲁氏菌、巴氏杆菌、克雷伯氏杆菌、胎弧菌等，大部分敏感菌株可被 $1 \sim 10 \mu g/mL$ 的浓度所抑制。氯霉素抗革兰氏阳性球菌的作用不如青霉素的四环素类，对绿脓杆菌及真菌无效，但对部分衣原体、立克次氏体有作用。氯霉素内服吸收良好，约 2h 达血药峰浓度，有效血药浓度（$5 \mu g/mL$）可持续 $6 \sim 10h$。猪、犬单剂量内服 $50 \mu g/mL$，有效血药浓度维持时间可达 10h，若剂量低于 30mg/kg 则达不到最低有效效果。肌注给药，吸收较慢，主要在局部滞留。静脉给药，在各种动物体内的药动力学参数存在较大的种属差异。有效血药浓度维持时间也不相同。但是氯霉素作为治疗药物会使动物源性食品中含有药物残留，致使人体疾病，由此相关政策规定食用动物饲养过程禁止使用氯霉素。但近年来的农产品质量安全监督还是有氯霉素残留问题，如市场监管总局关于 15 批次食品抽检不合格情况的通告（〔2023〕第 3 号）中通报甘肃省陇南市土蜂蜜中检测出氯霉素 $0.66 \mu g/kg$。

1. 氯霉素作用机理

氯霉素类抗生素包括氯霉素、甲砜霉素、氟苯尼考等，可作用于细菌核糖核蛋白体的 50S 亚基，阻挠蛋白质的合成，属抑菌性广谱抗生素。氯霉素对革兰阳性、阴性细菌均有抑制作用，且对后者的作用较强。其中对伤寒杆菌、流感杆菌、副流感杆菌和百日咳杆菌的作用比其他抗生素强，对立克次体感染（如斑疹伤寒）也有效，但对革兰阳性球菌的作用不及青霉素和四环素。

细菌细胞的 70S 核糖体是合成蛋白质的主要细胞成分，它包括 50S 和 30S 两个亚基。氯霉素能够与 50S 亚基可逆性结合，阻断转肽酰酶的作用，干扰带有氨基酸的胺基酰-tRNA 终端与 50S 亚基结合，从而使新肽链的形成受阻，特异性抑制蛋白质合成。由于氯霉素还可与人体线粒体的 70S 结合，因而也可抑制人体线粒体的蛋白合成，对人体产生毒性。氯霉素对 70S 核糖体的结合是可逆的，故被认为是抑菌性抗生素，但研究发现高浓度时对某些细菌也具有杀菌作用。由于哺乳动物的核蛋白体与细菌不同，这种由 40S 亚基和 60S 亚基组成的 80S 核蛋白体，氯霉素对此核蛋白体无作用，故氯霉素对哺乳动物蛋白质的合成无作用。

虽说各种细菌都可对氯霉素类抗生素产生耐药性，尤其是大肠杆菌、痢疾杆菌等常见细菌，但相对来说细菌对氯霉素类药物产生耐药性的速度比较慢，这也是氟苯尼考应用于养猪这么多年仍然被广泛应用的主要原因。细菌对氯霉素类抗生素产生耐药性，一是通过基因突变，二是通过获取 R 因子得到灭活氯霉素的能力而产生耐药性。

2. 氯霉素残留问题

随着人们对氯霉素应用的深入，不仅发现氯霉素的使用会导致畜禽本身造血系统有毒性作用，使血小板、血细胞减少，形成视神经炎；同时还发现其在动物体内的残留会通过肉、蛋、奶等传递给人类，引起较严重的毒副作用。在雏鸡中，由于肝内酶系统尚未发育完全、肾脏排泄功能低下，影响对氯霉素的解毒，使氯霉素滞留，食用含氯霉素残留的动物源性食品后，会对人体骨髓造血机能有抑制作用，引起人类血液中毒的副作用，导致人的粒细胞缺乏病、再生障碍性贫血和溶血性贫血，此反应属于变态反应，病死率极高。

同时，人体长期微量摄入氯霉素会导致沙门氏菌、大肠杆菌产生耐药性，并且还会引起机体正常菌群失调，导致人体患病。由此可见，人体对氯霉素相较于动物更加敏感，特别是婴幼儿时期。婴幼儿肝发育不全、代谢能力差，食用含有氯霉素残留的食物会出现致命的"灰婴综合征"，因此应避免使用。

3. 氯霉素残留检测方法

现已有多种分析方法检测氯霉素的残留，不同的检测方法具有不同的适用范围及优缺点。目前，应用于氯霉素残留检测的方法主要有液相色谱-串联质谱法、酶联免疫吸附法、气相色谱法等。

液相色谱-串联质谱法具有分析速度快、分离效能高、准确、适应性广等优点，现已成为化学、食品、医药、工业及农学等领域中重要的分离分析技术。《食品安全国家标准　动物性食品中氯霉素残留量的测定　液相色谱-串联质谱法》（GB 31658.2—2021）适用于猪、鸡肌肉、肝脏和鱼、虾可食性组织中氯霉素残留量的检测限为 0.1μg/kg。原理是将试料中残留的氯霉素，采用间位氯霉素或氘代氯霉素作内标，依次用乙腈、4%氯化钠去蛋白，正己烷脱脂，乙酸乙酯提取，固相萃取柱净化，氮气吹干，液相色谱-串联质谱法测定，最后内标法定量。酶联免疫吸附法（Enzyme-linked immunoassay, ELISA）是基于抗原抗体反应进行竞争性抑制测定。ELISA 在免疫分析法中是最常用的方法。《农业部 1025 号公告-26-2008 动物源食品中氯霉素残留检测　酶联免疫吸附法》中规定了检测动物源食品中氯霉素残留量的 ELISA 方法，适用于畜禽、水产、牛奶和禽蛋等动物源食品中氯霉素残留的筛选检验。GB/T 18932.21—2003 规定了酶联免疫检测蜂蜜中的氯霉素残留检出限为 0.30μg/kg。气相色谱串联质谱法结合气相色谱法的高效分离和质谱的高灵敏度检测，被广泛应用到兽药残留领域。《农业部 781 号公告-1-2006 动物源食品中氯霉素残留量的测定气相色谱-质谱法》中规定了动物源食品中氯霉素残留量的测定 GC-MS 法，适用于鸡肌肉、鸡肝中氯霉素的残留量检测。

4. 氯霉素残留相关政策

由于严重的毒副作用，在动物源食品中氯霉素的残留对公众健康带来威胁。1994 年，FAO 决定禁止使用氯霉素。当前，世界上许多国家已禁止此类药用于生产食品动物，并规定了其在畜产品中最高残留限量。许多国家都严禁在家禽中使用氯霉素。2017 年 10 月 27 日，WHO 国际癌症研究机构公布的致癌物清单初步整理参考，氯霉素在 2A 类致癌物清单中。美国仅允许氯霉素用于非食用动物，规定在动物食品中不得检出；欧盟规定在产奶母牛和产蛋鸡中氯霉素残留限量标准为"零容许量"，即不得检出，同时在其他动物的使用中，严格规定肉中氯霉素残留量不得超过 10μg/kg。2020 年 1 月，我国农业农村部颁布的第 250 号公告中规定氯霉素及其盐、酯禁止在食品动物上使用，残留限量不得检出。

（二）四环素类药物残留

四环素类抗生素（Tetracyclines）是由放线菌产生的一类广谱抗生素，对革兰氏阴性菌、革兰氏阳性菌、螺旋体、衣原体、立克次氏体、支原体、放线菌和阿米巴原虫都有较强的作用，其化学结构上属氢化骈四苯环衍生物，在近可见区（350nm 附近）具有强紫外吸收。四环素类抗生素是黄色结晶性粉末，味苦，在醇（如甲醇和乙醇）中的溶解度较大，在乙酸乙酯、丙酮、乙腈等有机溶剂中溶解较小。四环素类抗生素在酸性和碱性条件下均不稳定，四环素类药物中含有许多羟基、烯醇羟基及羧基，在中性条件下能与多种金属离子形成不溶性螯合物。与钙离子或镁离子形成不溶性的钙盐或镁盐，与铁离子形成红色络合物，与铝离子形成黄色络合物。

四环素类抗生素包括天然四环素类和半合成四环素类，其中包括金霉素（Chlortetracycline）、土霉素（Oxytetracycline）、四环素（Tetracycline）及半合成衍生物多西环素等。金霉素又称为氯四环素，化学式为 $C_{22}H_{23}ClN_2O_8$，分子量为 478.88，是一种金色黄色晶体粉末，由金色链霉菌发酵产生，发酵液经酸化、过滤得沉淀物，溶解于乙醇后经酸析得粗品，经溶解、成盐得盐酸盐结晶。作用及抗菌谱与四环素相同，但在四环素类中不良反应最大。土霉素又称氧四环素、地霉素。分子式 $C_{22}H_{24}N_2O_9$，属于人畜共用的广谱抗菌药物，被广泛应用于水产养殖业中细菌性疾病的防治。在空气中稳定，遇强光颜色变深。可由土壤链丝菌的发酵液中提取得到，抗菌作用和医疗效果与四环素相似。土霉素的毒性相对较小，只要将食物中土霉素的残留量控制在一定范围内，对人体的健康影响就可控制在安全范围内。四环素是从放线菌金色链丛菌的培养液分离出来的抗菌物质。分子式 $C_{22}H_{24}N_2O_8$，分子量444.45。在空气中稳定，易吸收水分。对革兰氏阴性杆菌的作用较好，对革兰氏阳性球菌的效力不如金霉素（如葡萄球菌）。多西环素为土霉素经 6α-位上脱氧而得到的一种半合成四环素类抗生素，制剂为盐酸盐，分子式 $C_{22}H_{24}N_2O_8$，其机制与四环素相同，主要是干扰敏感菌的蛋白质合成。

1. 四环素类抗菌机制

四环素类抗生素在高浓度时具杀菌作用，对革兰阳性菌的作用优于革兰阴性菌，但肠球菌属对其耐药。其他如放线菌属、炭疽杆菌、单核细胞增多性李斯特菌、梭状芽孢杆菌、奴卡菌属等对其敏感。同时四环素类对淋球菌具一定抗菌活性，但耐青霉素的淋球菌也对其耐药，对弧菌、鼠疫杆菌、布鲁氏菌属、弯曲杆菌、耶尔森菌等革兰阴性菌抗菌作用良好，对铜绿假单胞菌无抗菌活性，对部分厌氧菌属细菌具一定抗菌作用，但远不如甲硝唑、克林霉素和氯霉素，因此临床上并不选用。多年来由于四环素类的广泛应用，临床常见病原菌包括葡萄球菌等革兰阳性菌及肠杆菌属等革兰阴性杆菌对四环素多数耐药，并且，同类品种之间存在交叉耐药。

四环素类抗生素能够抵抗细菌活性的最重要特征是每种药物的分子中都包含一个线性熔合的四环素核。四环素类抗生素的抗菌机制主要是该类化合物可与细菌核糖体30S亚基在A位产生特异性结合，破坏tRNA与RNA之间密码子-反密码子反应，阻止氨酰-tRNA与细菌核糖体受体在A位点的结合，导致细菌蛋白合成时所需要的肽链的延长受阻，从而抑制细菌蛋白质的合成；另外，四环素类分子必须通过一个或多个膜系统（革兰氏阳性菌和阴性菌各自具有不同的膜系统）才能与它们的靶位结合，从而达到有效的杀菌作用。因此，在探讨四环素类作用方式时需考虑到核糖体结合和跨膜吸收这两种机制。

2. 四环素类残留危害

四环素类抗生素是动物疾病治疗的常用药，在畜禽养殖业主要将其用于细菌感染性疾病的预防和早期治疗。对人体的危害主要在两个方面：一方面是不正确使用四环素类抗生素或不严格遵守休药期而造成的畜禽产品中抗生素残留；另一方面是对环境的影响。

过量使用四环素类抗生素会使对畜禽和人类产生影响，一般表现为慢性毒性作用。由于在动物源食品中，四环素类的残留量很低，不会表现为急性毒性作用，但是长期低剂量地摄入四环素类药物会造成药物残留蓄积，产生器官病变，严重者则会导致变态反应。

耐药性是最显著的危害，长期低剂量地使用四环素类药物是细菌产生耐药性的主要原因。近几年，四环素类药物的使用量逐渐增大，一些细菌已经由单纯的对一种药物有耐药性发展到对多种药物均具有耐药性。也有研究表明细菌的耐药性不仅仅局限在动物之间，其在动物与人之间也是能够相互传递的，这将对动物疫病防治以及人类的身体健康产生严重威胁。另外，长期使用四环素类药物还会产生其他影响，比如破坏人体肠道内的正常菌群，病原菌趁机大量繁殖，造成疾病的产生，影响动物体的正常生命活动；另外，还可能会引起双重污染，给疾病的治疗带来困难。

在环境方面，患病畜禽服用四环素类药物后，药物在体内会以原型或者代谢物的形式排出，滞留在环境中。大多数情况下，进入环境中的药物残留仍然具有活性，会进一步影响环境中的微生物、动物等。这些药物残留在多个环境因子的作用下会发生迁移，转化，富集等作用。

3. 四环素类残留检测方法

国外对四环素类抗生素药物检测方法的研究比较多，其中有高效液相色谱法、酶联免疫检测法、微生物法等，并且研究已经非常成熟。

高效液相色谱-串联质谱广泛用于四环素类抗生素的检测，常用方法有《食品安全国家标准　动物性食品中四环素类药物残留量的测定》（GB 31658.6—2021）和《食品安全国家标准　动物性食品中四环素类、磺胺类和喹诺酮类药物残留量的测定　液相色谱-串联质谱法》（GB 31658.17—2021）等。GB 31658.6—2021适用范围广，适用于牛、羊、猪、鸡的肌肉、肝脏和肾脏组织，猪、鸡的皮+脂肪，鸡蛋、牛奶、鱼皮+肉，虾肌肉中四环素、金霉素、土霉素和多西环素的检测，前处理较为复杂，定量限偏高，如牛、羊、猪、鸡的肌肉中四环素类残留量定量限为 $50\mu g/kg$；GB 31658.17—2021适用范围较窄，仅适用于牛、羊、猪、鸡的肌肉、肝脏和肾脏组织中四环素、金霉素、土霉素和多西环素的检测，前处理较为简单，定量限为 $10\mu g/kg$。

酶联免疫分析法是基于酶标记的免疫分析方法，避免了同位素标记的放射性污染和标记物衰变等缺点，操作相对简单方便，具有灵敏度高、特异性强、分析通量大、快速安全可靠等优点，在农兽药残留分析中得到了较快的发展。该方法通常是以半抗原形式与大分子量载体形成人工抗原，通过免疫动物产生对其具有特异性的免疫活性物质——抗体，从而与抗原发生体外结合反应，达到检测待测物的目的。

微生物学检测法是目前公认的测定抗生素类药物的经典方法，也是中国药典使用的方法。该方法成本低、操作简单、但是容易受到其他抗生素的干扰，并且检测灵敏度低。主要是根据对抗生素敏感的试验菌在适当的条件下产生抑菌圈的大小及药物的浓度成比例来评价的。四环素类药物的检测方法还有电化学分析法、化学发光分析法以及温室鳞片分析法等。

4. 四环素类残留相关政策

为了遏制四环素类抗生素滥用现象，2019 年，我国农业农村部发布 194 号公告，自 2020 年 7 月 1 日起，禁止将包括土霉素、金霉素在内的药物用作饲料添加剂；在《食品安全国家标准　食品中兽药最大残留限量》（GB 31650—2019）中明确规定：四环素、金霉素和土霉素在牛、羊、猪、家禽的肌肉最大残留限量为 200μg/kg；牛和羊奶中的四环素类抗生素检测限为 5μg/kg，最大残留限量为 100μg/kg；鸡蛋中四环素类化合物检测限为 20μg/kg，最大残留限量为 400μg/kg。多西环素在牛、羊、猪、家禽的肌肉最大残留限量为 100μg/kg。

（三）β-内酰胺类药物残留

β-内酰胺类抗生素（Beta-lactam antibiotic）是一种种类很广的抗生素，其中包括青霉素及其衍生物、头孢菌素、单酰胺环类、碳青霉烯和青霉烯类酶抑制剂等。基本上所有在其分子结构中包括 β-内酰胺核的抗生素均属于 β 内酰胺类抗生素。它是现有的抗生素中使用最广泛的一类。此类抗生素具有杀菌活性强、毒性低、适应证广及临床疗效好的优点。β-内酰胺类抗生素的化学结构，特别是侧链的改变形成了许多不同抗菌谱和抗菌作用以及各种临床药理学特性的抗生素。

青霉素（Penicillin G）又名苄青霉素（Benzyl penicillin），是天然青霉素，侧链为苄基。常用其钠盐或钾盐，其晶粉在室温中稳定，易溶于水，水溶液在室温中不稳定，20℃放置 24h，抗菌活性迅速下降，且可生成有抗原性的降解产物，遇酸易分解。青霉素主要作用于革兰阳性菌、革兰阴性球菌、嗜血杆菌属以及各种致病螺旋体等。

头孢菌素类抗生素是从头孢菌素的母核 7-氨基头孢烷酸（7-ACA）接上不同侧链而制成的半合成抗生素。该类抗生素具有抗菌谱广、杀菌力强、对胃酸及对 β-内酰胺酶稳定等特点，过敏反应少，多数革兰阳性菌对之敏感，但肠球菌常耐药；多数革兰阴性菌极敏感，除个别头孢菌素外，绿脓杆菌及厌氧菌常耐药。

1. β-内酰胺类作用机制

各种 β-内酰胺类抗生素的作用机制均相似，都能抑制胞壁黏肽合成酶，即青霉素结合蛋白（Penicillin binding proteins，PBPs），从而阻碍细胞壁黏肽合成，使细菌胞壁缺损，菌体膨胀裂解。除此之外，对细菌的致死效应还应包括触发细菌的自溶酶活性，缺乏自溶酶的突变株则表现出耐药性。动物无细胞壁，不受 β-内酰胺类药物的影响，所以具有对细菌的选择性杀菌作用，对宿主毒性小。近十多年来已证实细菌胞浆膜上特殊蛋白 PBPs 是 β-内酰胺类药的作用靶位。各种细菌细胞膜上的 PBPs 数目、分子量、对 β-内酰胺类抗生素的敏感性不同，但分类学上相近的细菌，其 PBPs 类型及生理功能则相似。此类药物与四环素类、大环内酯类、磺胺类等抗生素同时使用时，降低此类药物的杀菌作用。

2. β-内酰胺类残留危害

若长期使用、滥用或者不按休药期使用 β-内酰胺类抗生素用于动物疾病的预防和治疗易造成在动物体内的残留，其残留量对健康和生态的影响主要有以下几点。

①产生耐药性，细菌的耐药基因通常是位于 R-质粒上，R-质粒在细胞质中能够进行复制，也就意味着能够遗传，又能通过传导在细菌之间转移和传播。细菌的耐药性具有加和性，且容易遗传和扩散，这些耐药菌株给兽医治疗和医学临床提出了极大的挑战，同时还降低了药物的市场寿命，当这些耐药菌株通过食物链传递给人类时，又会给人类感染疾病的治疗带来不良的影响。

②菌群失调，兽药残留会导致人体内的正常菌群紊乱，同时还会干扰耐药的病原菌株，使人体肠道内的菌群失调。

③变态反应，以青霉素为主体的居内酰胺类抗生素使用量极大，其代谢或者降解产物具有较强的致敏作用，轻者会导致皮炎、皮肤疹痒，严重者会导致虚脱，甚至死亡。

④对环境的影响，食用过产内酰胺类抗生素的动物，其排泄物中的抗生素和耐药菌株会被释放到环境中污染土壤和水源，在污泥中细菌可长期生长同时保持耐药性。

3. β-内酰胺类残留检测方法

β-内酰胺类抗生素是目前阳性检出率最高的一类药物。在样品检测技术上，目前国内外的发展趋势是向着多残留检测技术方法，并以液质联用和高效液相技术为主。

农业农村部推荐的《动物性食品中 β-内酰胺类药物残留检测　液相色谱-串联质谱法》主要是将样品中 β-内酰胺类抗生素残留物用乙腈-水溶液提取，用正己烷去除脂肪，提取液用 C_{18} 固相萃取柱净化，洗脱液氮气吹干后，用液相色谱串联质谱测定，外标法定量。液相色谱质谱法相比于串联其他检测器，其灵敏性与选择性均比较高，并且质谱技术又可以对色谱无法分离的物质进行定量分析，具有较高的灵敏度和较宽的线性范围，目前二者联用，应用广泛。但是定量时仍然需要最大限度地优化色谱条件对目标化合物进行分离，从而减轻杂质对待测物的干扰，提高灵敏度。

4. β-内酰胺类残留相关政策

虽然 β-内酰胺类抗生素在人体和动物疫病的防治方面具有很好的疗效，应用十分广泛，但是由于其对人体及环境的危害以及耐药菌株的出现，现很多国家开始对其的使用量以及在动物源食品中的残留量进行严格的控制。其中美国和欧盟国家已经提出禁止抗生素含量超标的产品上市，其中美国 FDA 规定青霉素 G 的残留<5ng/mL，阿莫西林、氨苄青霉素和氯唑青霉素残留<10ng/mL，头孢吡啉残留<20ng/mL。但是为了避免消费者受到食品中抗生素残留的危害，保护人类的身体健康，各个国家都开始制定最高残留限量，并且随着各种精密仪器的出现，国家对残留限量的标准也是越来越严格，我国在《食品安全国家标准　食品中兽药最大残留限量》（GB 31650—2019）和《食品安全国家标准　食品中 41 种兽药最大残留限量》（GB 31650.1—2022）中规定了我国在畜禽产品中 β-内酰胺类抗生素的最高残留限量，如在蛋和奶中阿莫西林、氨苄西林、青霉素的最大残留限量为 4μg/kg。

（四）磺胺类药物残留

磺胺类抗菌药物（Sulfonamides，SAs）是指具有对氨基苯磺酰胺结构的一类药物的总称，是一类用于预防和治疗细菌感染性疾病的化学治疗药物。它是当前畜禽生产中常用的抗菌、抗原虫药物，能抑制大多数革兰氏阳性菌和某些阴性菌。由于效果好、价格低廉而被广泛应用。

SAs 一般为白色或微黄色结晶性粉末，无臭，味微苦，遇光易变质，色渐变深，呈酸碱两性，碱性来源于芳伯氨基，酸性来源于磺酰胺基。大多数本类药物在水中溶解度极低，较易溶于稀碱，但形成钠盐后则易溶于水，其水溶液呈强碱性遇 CO_2 会析出沉淀。易溶于沸水、甘油、盐酸、氢氧化钾及氢氧化钠溶液，不溶于氯仿、乙醚、苯、石油醚。磺胺药对细菌主要是抑制其繁殖，一般无杀菌作用。SAs 在当代畜牧生产中得到了广泛应用，常配合抗菌增效剂作为饲料添加剂预防疾病的发生和促进动物生长，其中常用品种有几十种，主要包含：磺胺（Sulfanilamide，SA）、磺胺嘧啶（Sulfa‐diazine，SDZ）、磺胺甲基噻唑（Sulfamethizole，STZ）、磺胺甲基嘧啶（Sulfamerazine，SMR）等。

1. 磺胺类药物抗菌机制

SAs 是抑菌药，它通过干扰细菌的叶酸代谢而抑制细菌的生长繁殖。与人和哺乳动物细胞不同，对 SAs 敏感的细菌不能直接利用周围环境中的叶酸，只能利用对氨苯甲酸（PABA）和二氢蝶啶，在细菌体内经二氢叶酸合成酶的催化合成二氢叶酸，再经二氢叶酸还原酶的作用形成四氢叶酸。四氢叶酸的活化型是一碳单位的传递体，在嘌呤和嘧啶核苷酸形成过程中起着重要的传递作用。SAs 的结构和对氨苯甲酸相似，因而可与对氨苯甲酸竞争二氢叶酸合成酶，障碍二氢叶酸的合成，从而影响核酸的生成，抑制细菌生长繁殖。

细菌对 SAs 较易产生抗药性，当剂量、疗程不足时更易发生。所以 SAs 在动物饲养过程中常被大剂量地作为饲料添加剂或在动物日常饮用水中添加使用。可溶性的SAs经口服后可被迅速吸收。吸收后主要有三种代谢途径：乙酰化、羟基化和结合。单胃动物主要是乙酰化。磺胺类药物在动物机体内经过乙酰化，其溶解度减小，极易在动物体内残留。SAs在动物体内代谢过程较缓慢，不易排泄，呈现长效作用。当肝肾有疾患时，更易造成在体内的蓄积。由此可见，SAs如果使用不当或不注意休药期，是极其容易在动物体内残留的。

2. 磺胺类药物残留危害

SAs由于性质稳定不易分解，在动物体内直接以原型的形式排除污染环境，另外也可以在动物（猪、牛、鸡、鱼等）的产品中（肉、乳、蛋等）残留造成动物性食品质量和安全性降低和产生危害，人们长期食用这些动物源性食品后，可能造成SAs在人体内富集。众多的资料显示，SAs残留对人体的危害主要有以下4个方面。

①易造成泌尿系统的损害。SAs在体内乙酰化率高，在体内主要经肝脏代谢为乙酰化磺胺，后者无抗菌活力却保留其毒性作用，在泌尿道析出结晶，损害肾脏，出现结晶尿、血尿、管型尿、尿痛以至尿闭等症状。

②造血系统反应。破坏人的造血系统，造成溶血性贫血症，粒细胞缺乏症，严重者可因骨髓抑制而出现粒细胞缺乏，血小板减少症，甚至再生障碍性贫血。虽然罕见，可一旦发生可能是致命的。

③致癌性。某些SAs（如二甲嘧啶）有一定的致癌作用。

④过敏反应。常见有皮疹、药物热，严重者会出现剥脱性皮炎。

SAs残留不仅会对人体产生危害，同时也会造成环境污染。动物体内残留的SAs可能会伴随动物粪便、尿液进入环境之中。减少土壤真菌数量，改变微生物群落结构，降低土壤肥力。进入水体会危及水生动物，破坏生态系统稳定性，从而影响水产养殖产业健康发展。

3. 磺胺类药物残留检测方法

磺胺类药物残留检测方法主要包括液相色谱−串联质谱法、高效液相色谱法、酶联免疫法、胶体金法等。《食品安全国家标准　动物性食品中四环素类、磺胺类和喹诺酮类药物残留量的测定　液相色谱−串联质谱法》（GB 31658.17—2021）适用于牛、羊、猪、鸡的肌肉、肝脏和肾脏组织，能检测19种磺胺类药物，《牛奶中磺胺类药物残留量的测定　液相色谱−串联质谱法》（农业部781号公告−12−2006）适用于牛奶中磺胺类药物残留的检测。如果没有液质联用仪，还可以使用《食品安全国家标准　动物性食品中13种磺胺类药物多残留的测定　高效液相色谱法》（GB 29694—2013），该方法猪和鸡的肌肉组织的检测限为5μg/kg，定量限为10μg/kg；猪和鸡的肝脏组织的检测限为 12μg/kg，定量限为 25μg/kg，完全能够满足国家最高残留限量值的要求。ELISA 法和胶体金免疫层析法因其检测快速方便、敏感性高、技术要求低等特点，越来越受到基层部门的青睐，也为食品企业自检提供了简单、低成本、准确的方法。

4. 磺胺类药物残留相关政策

近年研究表明，长期对动物使用 SAs，残留物有可能引起人体过敏、中毒、造血功能障碍、急性溶血性贫血、粒细胞缺乏症等，也有致畸、致癌、致突变的"三致"作用，并可能导致耐药性菌株产生，造成生态环境污染。因此，为了保障动物用药的安全性和有效性，国际食品法典委员会（CAC）以及许多的国家都对动物源性食品中的 SAs 含量都作了非常严格的规定，我国在《食品安全国家标准　食品中兽药最大残留限量》（GB 31650—2019）中明确要求，所有动物产品中 SAs 的最高残留限量为 100μg/kg，同时磺胺二甲基嘧啶在牛奶中的残留限量为 25μg/kg。

（五）呋喃类药物残留

硝基呋喃类药物是一种广谱抗生素，对大多数革兰氏阳性菌和革兰氏阴性菌、真菌和原虫等病原体均有杀灭作用。它们作用于微生物酶系统，抑制乙酰辅酶 A，干扰微生物糖类的代谢，从而起抑菌作用。硝基呋喃类药物曾广泛应用于畜禽及水产养殖业，以治疗由大肠杆菌或沙门氏菌所引起的肠炎、疖疮、赤鳍病、溃疡病等。

硝基呋喃类药物常见的有以下 4 种：呋喃唑酮、呋喃它酮、呋喃妥因、呋喃西林。硝基呋喃类物质均为性质稳定的黄色粉末，无味或味微苦。呋喃唑酮几乎不溶于水和乙醇，呋喃西林难溶于水，微溶于乙醇，呋喃妥因几乎不溶于水，微溶于乙醇。硝基呋喃类原型药在生物体内代谢迅速，其代谢产物分别为 AOZ（3-氨基-2-唑烷酮）、AMOZ（5-甲基吗啉代-3-氨基-2-唑烷酮）、AHD（1-氨基乙内酰脲）、SEM（氨基脲）和蛋白质结合而相当稳定，故常利用代谢物的检测来反应硝基呋喃类药物的残留状况。

1. 呋喃类药物作用机制

呋喃妥是一种强力抗菌剂和杀菌剂，对泌尿系统的炎症如肾炎、膀胱炎、尿道炎以及阴道炎、前列腺炎等均有疗效。呋喃妥因抗菌作用确切机制尚未完全清楚，一般认为是多重机制干预。其代谢产物黄素蛋白进入细菌内引起复杂的多重反应破坏细胞内核糖体蛋白、呼吸、丙酮酸盐代谢及其他大分子物质等，并直接介导破坏 DNA 使 DNA 链断裂；通过抑制细菌体内的多种酶，干扰细菌体内氧化还原酶系统，主要抑制细菌的乙酰辅酶 A 而阻断其碳水化合物的代谢；可以破坏细菌壁形成细菌内渗透压改变，共同参与下起到杀菌和抑制细菌繁殖的作用。呋喃妥因从肠道吸收在血清及身体组织内并不能达到治疗浓度。75%快速经肝脏代谢，25%以原形从尿中排出，呋喃妥因的消除半衰期为 0.5~1h。如果进食时服用，其生物利用度可提高大约 40%，同时可以减少胃肠道反应。

呋喃西林为呋喃属中最早应用的杀菌剂，特点是对革兰氏阴性及阳性菌均有良好的杀菌及抑菌效果，也能杀原虫，特别是能杀死对青霉素、氯霉素、链霉素、金霉素、磺胺类有抵抗性的菌株。但由于其毒性较大，大剂量可导致多发性周围神经炎的产生，因此口服呋喃西林时应特别谨慎。一般多作外用药，国外将其与醋酸氢化可的松和局部麻醉药等配伍制成软膏剂，用于局部抗菌抗炎症和麻醉止痛。呋喃西林的抗菌作用，有研究认为是能可逆地阻止菌体内氧化酶系统的作用，使细菌无法生存，在一定的浓度下可以较长期地产生制菌作用。除对铜绿假单胞杆菌无效外，足以杀死大部分引起伤口感染的常见致病菌，且极少产生耐药性，用呋喃西林浸透导尿管可有效地预防留置导尿管引起的泌尿系感染的发生，而且高温高压消毒并不影响呋喃西林在导尿管上的抗菌活性及含量。

2. 呋喃类药物残留危害

呋喃类药物残留对动物体有毒性作用。长时间或大剂量应用硝基呋喃类药物均能对动物体产生毒性作用，其中呋喃西林的毒性最大，呋喃唑酮的毒性最小。兽医临床上经常出现有关畜禽类呋喃西林、呋喃唑酮中毒的事件。呋喃类药物残留也有致癌、致畸副作用。呋喃它酮为强致癌性药物，呋喃唑酮为中等强度致癌药物；高剂量或长时间饲喂食用鱼和观赏鱼，可诱导鱼的肝脏发生肿瘤；有繁殖毒性实验结果表明，呋喃唑酮能减少精子的数量和胚胎的成活率。硝基呋喃类药物在动物体内的半衰期短，代谢速度非常快，但其代谢产物能够与组织蛋白质紧密结合，以结合态形式在体内残留较长时间，且毒性更强，是硝基呋喃类药物的标记残留物。普通的食品加工方法（如烹调、微波加工、烧烤等）难以使蛋白结合态的代谢物大量降解。而此类药物的代谢物可以在弱酸性条件下从蛋白质中释放出来，因此含有此类药物残留的水产品被人所食用后，这些代谢物就可以在胃酸的作用下从蛋白质中释放而被人体吸收，若水产品体内有大量的抗生素药物残留，会使人产生耐药性，在临床中降低此类药物的治疗效果。而且此类药物残留对人体有致癌、致畸胎等副作用。

3. 呋喃类药物残留检测方法

硝基呋喃类原型药在生物体内代谢迅速，无法检测。但其代谢产物因和蛋白质结合而保证长时间稳定存在。所以一般以硝基呋喃类药物代谢物为目标分析物的检测，来达到检测硝基呋喃类药物残留量的目的。目前在用的方法主要是《动物源性食品中硝基呋喃类药物代谢物残留量检测方法　高效液相色谱/串联质谱法》（GB/T

21311—2007）。本方法适用于肌肉、内脏、鱼、虾、蛋、奶、蜂蜜和肠衣中硝基呋喃类药物代谢物残留量的定性确证和定量测定，该方法采用液液萃取的净化方法和同位素内标法，检出限为 0.5μg/kg。文献报道有固相萃取和液相色谱-串联质谱组合法，检出限能达到 0.03μg/kg。

4. 呋喃类药物残留相关政策

由于硝基呋喃类药物及其代谢物对人体有致癌、致畸胎副作用，我国卫生部于 2010 年 3 月 22 日将硝基呋喃类药物呋喃唑酮、呋喃它酮、呋喃妥因、呋喃西林列入可能违法添加的非食用物质黑名单。2005 年美国食品药品监督管理局（FDA）和欧洲药品管理局（EMA）已禁止其在人类和动物中使用。

硝基呋喃类因为价格较低且效果好，而广泛应用于畜禽及水产养殖业，以治疗由大肠杆菌或沙门氏菌引起的肠炎、疖疮、赤鳍病、溃疡病等。由于硝基呋喃类药物及其代谢物对人体有致癌、致畸胎副作用，个别国家已经禁止硝基呋喃类药物在畜禽及水产动物食品中使用，并严格执行对水产品中硝基呋喃的残留检测。中华人民共和国农业部于 2002 年 12 月 24 日发布的公告第 235 号及于 2005 年 10 月 28 日发布的公告第 560 号，硝基呋喃类药物为在饲养过程中禁止使用的药物，在动物性食品中不得检出。自此，在动物饲养过程中使用硝基呋喃类药物成为非法行为。

（六）喹诺酮类药物残留

喹诺酮（4-quinolones）又称吡酮酸类或吡啶酮酸类，是一类合成抗菌药。喹诺酮类是主要作用于革兰阴性菌的抗菌药物，对革兰阳性菌的作用较弱（某些品种对金黄色葡萄球菌有较好的抗菌作用）。抗菌谱广，对革兰氏染色呈阴性杆菌活性较高，对其他抗生素耐药的细菌也具有良好的抗菌作用，无交叉耐药性；细菌对本类药物发生耐药突变的概率低，无质粒介导的耐药产生；在体内分布广，体内和组织中药物浓度高；口服吸收好，半衰期长，使用方便；与头孢菌素类药物相比，抗菌作用相似，但价格便宜。

喹诺酮按发明先后及其抗菌性能的不同，分为一、二、三代。第一代喹诺酮类，只对大肠杆菌、痢疾杆菌、克雷白杆菌、少部分变形杆菌有抗菌作用。具体品种有萘啶酸（Nalidixic acid）和吡咯酸（Piromidic acid）等，因疗效不佳现已少用。第二代喹诺酮类，在抗菌谱方面有所扩大，对肠杆菌属、枸橼酸杆菌、铜绿假单胞菌、沙雷杆菌也有一定抗菌作用。吡哌酸是国内主要应用品种。第三代喹诺酮类的抗菌谱进一步扩大，对葡萄球菌等革兰阳性菌也有抗菌作用，对一些革兰阴性菌的抗菌作用则进一步加强，该类药物中，国内已生产诺氟沙星。尚有氧氟沙星（Ofloxacin）、培氟沙星（Perfloxacin）、依诺沙星（Enoxacin）、环丙沙星（Ciprofloxacin）等，本代药物的分子中均有氟原子，因此称为氟喹诺酮。第四代喹诺酮类药物的抗菌谱是目前为止最广的，与前三代药物相比在结构上修饰，结构中引入 8-甲氧基，有助于加强抗厌氧菌活性，而 C-7 位上的氮双氧环结构则加强抗革兰阳性菌活性并保持原有的抗革兰阴性菌的活性，不良反应更小，但价格较贵。对革兰阳性菌抗菌活性增强，对厌氧菌包括脆弱拟杆菌的作用增强，对典型病原体（如肺炎支原体、肺炎衣原体、军团菌以及结核分枝杆菌）的作用增强。多数产品半衰期延长，如加替沙星与莫西沙星。

1. 喹诺酮类药物作用机制

喹诺酮类抗生素分子基本骨架均为氮（杂）双并环结构，喹诺酮类和其他抗菌药的作用点不同，它们以细菌的脱氧核糖核酸（DNA）为靶。细菌的双股 DNA 扭曲成为袢状或螺旋状（称为超螺旋），使 DNA 形成超螺旋的酶称为 DNA 回旋酶，喹诺酮类妨碍此种酶，进一步造成细菌 DNA 的不可逆损害，而使细菌细胞不再分裂。它们对细菌显示选择性毒性。当前，一些细菌对许多抗生素的耐药性可因质粒传导而广泛传布。

2. 喹诺酮类药物残留危害

氟喹诺酮类药物用药量少，不能达到很好的疾病治疗效果。用药量大，不仅在一定程度上加大动物本身病菌对其的抵抗能力，而且在动物体内也会有部分残留。人类在食用此类食品后，药物就会转移富集到人体内，可能出现消化系统反应、中枢神经系统反应、过敏反应、光敏反应等。

对于消化系统的不良反应常见的有胃和肠道反应，是氟喹诺酮类药物进入人体后产生的不良反应。人类在食用含有氟喹诺酮类药物残留的食品后，少量药物不会引起明显生理反应，但随着药量的堆积，药物会对胃和肠道造成刺激，表现为食欲减退、恶心、呕吐、腹胀、腹泻及便秘等症状。如果摄入药量过大，最严重的甚至会引起消化道出血。中枢神经系统反应的发生率仅次于消化系统反应。人类在食用含有氟喹诺酮类药物残留的食品后，药物进入人体，阻断中枢神经系统抑制介质，导致中枢神经系统持续兴奋，出现头痛、头晕、失眠、眩晕及情绪不安等症状，其中以失眠最为多见。当摄入药量过大，严重者甚至会出现抽搐、幻觉、抑郁、精神异常等症状，但极为少见。过敏反应主要发生在个别体质特殊的人群身上，多表现为血管神经性水肿、皮肤瘙痒、皮疹、荨麻疹、皮炎等过敏症状，偶有出现过敏休克。光敏反应是摄入氟喹诺酮类药物后最特异的反应，表现为手、颜面及其他暴露在阳光下的皮肤区域出现红肿、瘙痒、灼热感，严重者甚至会出现中度红斑或严重大疱疹。

3. 喹诺酮类药物残留检测方法

微生物检测法是利用对抗生素敏感的细菌，通过指示剂显色或观察抑菌环来检测药物残留。利用大肠杆菌为指示菌，使用溴甲酚紫为指示剂，能够检测 15 种喹诺酮类残留，其检出限为 40~200μg/kg。该方法成本较低、操作简单、无须专业人员操作、无须使用昂贵的仪器设备，但其灵敏度较低且挑选敏感菌并培育繁殖的时间长，仅适用于基层使用及大批量动物源性产品中 FQs 残留检测的初步筛查。

ELISA 是利用抗原抗体的特异性反应所制备的一种检测方法，该方法简单高效、耗时短。用 ELISA 试剂盒快速检测牛奶中 6 种喹诺酮类药物残留，该方法 IC_{50} 为 0.254~0.361μg/L，最低检测限（LOD）为 1.48μg/L，回收率为 84.58%~115.92%。利用 ELISA 法快速测定畜禽肌肉中喹诺酮类药物残留，IC_{50} 为 0.306~0.351ng/g，回收率为 81.8%~100.3%，相对标准偏差（RSD）为 0.4%~12%。使用 ELISA 法检测喹诺酮类药物残留灵敏度较高，重现性好，易在基层普及使用。

高效液相色谱（HPLC）选择性强、分析性能好、灵敏度较高、分离能力较好，能够较准确地检测喹诺酮类药物残留。农业部 1025 号公告规定使用 HPLC 检测动物性食品中氟喹诺酮类药物残留，该方法的检测限为 20μg/kg，回收率为 60%~100%，批内 RSDs 为 15%、批间 RSDs 为 20%。

4. 喹诺酮类药物残留相关政策

喹诺酮类药物被广泛用于人和动物疾病的治疗，由于喹诺酮类药物在动物机体组织中的残留，人食用动物组织后喹诺酮类抗生素就在人体内残留蓄积，造成人体疾病对该药物的严重耐药性，影响人体疾病的治疗。因此，喹诺酮类药物残留问题越来越引起人们的关注。FAO/WHO 食品添加剂专家联席委员会、欧盟都已制定了多种喹诺酮类药物在动物组织中的最高残留限量。美国 FDA 于 2005 年宣布禁止用于治疗家禽细菌感染的抗菌药物恩诺沙星的销售和使用。同时我国的《食品中兽药最大残留限量》（GB 31650—2019）中已批准动物性食品中最大残留限量规定的喹诺酮类兽药有达氟沙星、二氟沙星、恩诺沙星（含环丙沙星）、噁喹酸、沙拉沙星等 5 种；中华人民共和国农业部公告第 2292 号明确规定，根据《兽药管理条例》第六十九条规定，在食品动物中停止使用洛美沙星、培氟沙星、氧氟沙星、诺氟沙星等 4 种兽药，撤销相关兽药产品批准文号。

二、激素类药物残留

激素残留是指畜产品生产过程中，应用激素作为饲料添加剂或埋植于动物皮下，以达到促进动物生长发育、增加体重和育肥、消除腥臭以及用于动物的同期发情等目的，导致畜禽产品中激素的残留。上述行为虽然国家已经明令禁止，但是一些不法养殖者或饲料添加剂生产者为了利益还会铤而走险，人体摄食这种畜产品后可产生致癌等后果。

通过血液循环或组织液循环起到传递信息作用的化学物质称为激素，它对机体的代谢、生长、发育和繁殖等起到重要的调节作用。激素按照化学结构主要分为以下几大类：第一类为类固醇，如肾上腺皮质激素、性激素；第二类为氨基酸衍生物，有甲状腺素、肾上腺髓质激素、松果体激素等；第三类激素的结构为肽与蛋白质，如下丘脑激素、垂体激素、胃肠激素、降钙素等；第四类为脂肪酸衍生物，如前列腺素。目前在畜牧生产中常用的激素类添加剂主要有性激素和生长激素两大类。

天然性激素对动物生长发育、动物肌肉和脂肪组织的形成分布等都有一定积极影响，但过量使用外源性性激素则给食品安全带来危害。目前在畜产品生产中，一些人应用性激素作为动物饲料添加剂，促进动物生长来增加体重，以达到肥育目的，结果导致畜禽产品中雌激素、雄激素及其类似物质的污染残留。性激素残留对人体健康、生态环境都会造成较大影响。猪、牛、鸡、鸭等家畜家禽的饲养中存在着用激素催肥、增重的现象。用于畜牧业生产的性激素有雌激素、孕激素、雄激素三类。雌激素有天然的雌二醇、雌酮、雌三酮，人工合成的有己烯雌酚、乙烷雌酚、戊酸雌二醇等。孕激素有黄体酮，人工合成的黄体酮、醋酸甲孕酮、醋酸氯地孕酮等。雄激素则有天然的睾丸酮，人工合成的同化性激素苯甲酸诺龙、去甲氧基睾丸素等。雌激素通过抑制动物生殖系统发育进行催肥，孕激素和雄激素则都有促进食欲的作用。外源性激素在动物性食品中含量很少（动物肌肉组织中类固醇激素以 ng/kg 到 μg/kg 数量级存在），但由于作用强、影响大，一旦经食物链进入人体，就会明显地影响机体的激素平衡，产生较大危害。

同化激素（Anabolic hormones，Ass）有强的蛋白质同化作用，主要通过增强同化代谢、抑制异化或氧化代谢，可提高蛋白质沉积，降低脂肪比率，从而提高饲料转化率，达到大幅度提高动物养殖经济效益的目的。畜牧业中使用同化激素已有 50 年的历史，同化激素是残留毒理学意义最重要的药物之一。同化激素可以分为：甾类同化激素（Anabolic steroids，ASs），非甾类雌性激素以及 β_2-受体激动剂。

（一）甾类同化激素

甾类同化激素包括性激素和肾上腺皮质激素，其中残留意义较重要的种类有雄激素、雌激素、孕激素和糖皮质激素。甾类同化激素药物结构均有 1,2-环戊烷并多氢菲基本母核，甾核由 A、B、C 和 D 环稠合而成，A、B、C 为六元环，D 为五元环。一般在 A/B 和 C/D 稠合处含有角甲基，D 环 C-17 有侧链。环中常含有双键、α,β-不饱和酮或芳环，侧链为烷烃、羟基、酮基或酯等含氧基团和卤素。ASs 的理化性质可概括如下：ASs 呈白色或乳白色结晶粉末。由于结构中有多个含氧基团，熔点较高

（可达 200~300℃）。ASs 属脂溶性化合物，弱极性或中等极性，难溶于水，溶于极性有机溶剂和植物油，在氯仿、乙醚、二氯甲烷和乙酸乙酯等有机溶剂中有较高的溶解度。含酚羟基的 ASs（如雌激素）溶于无机强碱。ASs 分子含羟基、酮基、双键和卤素。这些是 ASs 的主要活性基团，可发生酰化、缩合、成醚、氧化、重氮偶合等反应。

啸类同化激素与非甾类雌性激素具有相似的同化活性，主要表现为：同化代谢；肌肉/脂肪比率增加；提高基础代谢，改善饲料转化率；抑制异化代谢作用，减少物质消耗；刺激促红细胞素生成，或直接作用于骨髓造血系统使红细胞生成增加；在骨骼肌细胞中已发现有雄激素、雌激素和糖皮质激素受体，表明其可能直接作用于肌细胞导致肌肉增生。

长期使用或摄入雄激素会干扰人体正常的激素平衡，男性出现睾丸萎缩、胸部扩大、早秃、肝、肾功能障碍或肝肿瘤，女性出现雄性化，月经失调、肌肉增生、毛发增多等；长期摄入雌激素会导致女性化、性早熟、抑制骨骼和精子发育，特别是雌激素类物质具有明显的致癌效应，可导致女性及其女性后代生殖器官畸形和癌变，对于儿童则更明显。

（二）非甾类同化激素

非甾类同化激素主要是非甾类雌性激素，是指一类与甾类雌激素有着不同化学结构但却同样具有雌激素效应的物质，主要有二苯乙烯类（Stilbenes）和雷索酸内酯或二羟基苯甲酸类酯类（Resorcylic acid lactones，RALs）化合物。

非甾类同化激素的极性和溶解性与 ASs 相似，为无色结晶或白色结晶性粉末，属脂溶性化合物，呈弱极性或中等极性，不溶于水，易溶于氯仿、乙醚等中等极性溶剂。分子结构中含有酚羟基和碳碳双键、酮基及酚羟基组成的长共轭体系，因此可以溶于稀碱溶液，在 240~300nm 有较强的 UV 吸收，个别化合物具有荧光性质。二苯乙烯类非甾类同化激素为人工合成的非甾体类雌激素，包括己烯雌酚（Diethylstilbestrol，DES）、己烷雌酚（Hexestrol，HES）、双烯雌酚（Dienestrol，DIS）、丁烯雌酚（Dimethylstilbestrol，DMS）等。目前国内应用最为广泛的合成雌激素是 1938 年首次在英国伦敦大学研制成功的 DES。RALs 非甾体同化激素的极性和溶解性与甾类同化激素相似，不溶于水，易溶于氯仿、乙醚等中等极性溶剂。分子结构中含有由碳碳双键、酮基及酚羟基组成的长共轭体系，强碱条件下发生解离，包括玉米赤霉醇（A-zearalanol，ZER）、β-玉米赤霉醇（β-zearalanol，TAL）等。非甾体类同化激素主要通过与雌激素受体（Estrogen receptors，ER）中的配体结合域结合，可引起 ER 的构型变化，所形成的复合物移至胞核，与 DNA 模板结合，从而调节靶基因转录和蛋白质的合成。

关于非甾类同化激素，20世纪70年代末，世界各国开始关注和重视非甾类同化激素的残留及危害问题，并先后颁布法令，严格限制这类药物在食品动物中的使用。欧盟96/22/EC指令规定的《动物及其制品禁用物质列表》就包括苯乙烯、苯乙烯衍生物及其盐类和酯类；96/23/EC指令规定的《动物及其排泄物、体液、组织以及动物制品、动物饲料和饮水中禁用药》也包括了二羟基苯甲酸内酯类（含zeranol）。韩国、日本等亚洲国家也早已规定，禁止在国内养殖业中使用激素类物质，禁止进口含有雌激素的动物及动物性食品。我国《食品动物禁用的兽药及其他化合物清单》（农业部第193号公告）明确禁止己烯雌酚（DES）及其盐、酯及制剂，西替利嗪（ZER）及其制剂用于所有食品动物。《中华人民共和国动物及动物源食品残留监控计划》中规定该类药在所有食品动物可食组织中的最大允许残留限量（Maximum residue limit，MRL）为不得检出。美国虽然禁止DES的使用，但允许在绵羊中使用ZER，规定MRLs为0.02mg/kg。

（三）β₂-受体激动剂

β₂-受体激动剂（β₂-adrenergic agonist，BAA）是一类能与肾上腺素受体结合并能激活该受体，产生肾上腺素样作用的药物总称，又可称为拟交感胺类药物。其药理作用极强，具有松弛支气管平滑肌、增强纤毛运动和促进痰液排出的功能，主要用于人和动物的支气管肺炎等呼吸系统疾病的防治。20世纪80年代初，因其可以明显地促进动物生长、提高胴体瘦肉率、减少脂肪沉积和提高饲料转化率，被广泛用于动物生产中。但研究发现，长期使用该类药物，其极易在动物性产品中蓄积，对食用者的安全造成潜在的危害，且急性中毒事件时有发生，因此世界各国对该类药物进行了禁用或限用规定，我国也规定在食品动物中严禁使用该类药物。

BAA类药物因具有苯乙醇胺结构母核，故又称为苯乙醇胺类（Phenylethanolamine，PEA）。其苯环上连接有碱性的β-羟胺侧链，侧链的取代基通常为N-叔丁基、N-异丙基或N-烷基苯。按照分子母核中苯环上取代基的差异，可分为苯胺型和苯酚型两大类。苯胺型一般具有芳伯氨基，如克伦特罗、溴布特罗、马布特罗、马喷特罗、塞曼特罗。苯酚型又可分为邻苯二酚型（儿茶酚型，如肾上腺素、异丙肾上腺素）、间苯二酚型（雷索酚型，如非诺特罗、特布他林、异丙喘宁）和水杨醇型（如沙丁胺醇、吡布特罗）。

BAA结构中含有1或2个手性碳，故分子具有旋光性。BAA为白色晶体，游离碱溶于多数极性或中等极性溶剂，如稀酸（苯胺型、苯酚型）、稀碱（苯酚型）、甲醇、乙酸乙酯、乙醚、氯仿等。临床上一般用其盐酸盐，易溶于水和甲醇、乙醇等高极性溶剂，但在非极性或疏水溶剂中难溶。在不同 pH 值下的解离状态影响其溶解性。多数 PEA 为中等极性的疏水性物质，呈弱碱性（苯胺型）或酸碱两性（苯酚型）。BAA 由于具有苯环，在 220～280nm 处存在紫外吸收。如盐酸克伦特罗的吸收峰为 243nm、296nm，盐酸沙丁胺醇的吸收峰为 274nm，含酚羟基的 BAA 特别是雷索酚型和儿茶酚型的还具有荧光性质，如沙丁胺醇的激发波长和发射波长分别为 255nm和 310nm。

BAA 类药物残留检测方法主要包括液相色谱-串联质谱法、高效液相色谱法、酶联免疫法、胶体金法等。《食品安全国家标准　动物性食品中 β-受体激动剂残留量的测定　液相色谱-串联质谱法》（GB 31658.22—2022）。

《中华人民共和国农产品质量安全法》第二十九条规定：禁止在农产品生产经营过程中使用国家禁止使用的农业投入品以及其他有毒有害物质。我国很早就发布了一系列公告或文件禁止在食用动物养殖过程中非法添加激素类物质。在 1997 年 3 月，农业部（农牧发〔1997〕3 号）就严令禁止 BAA 在畜牧生产中作为饲料添加剂使用；2000 年，国家对严厉打击非法使用盐酸克伦特罗发出紧急通知（农牧发〔2000〕4号）；2002 年农业部发布的 176 号公告、193 号公告等明确规定了禁用药物清单，包括肾上腺素受体激动剂、性激素、蛋白同化激素、精神药品、杀虫剂以及各种抗生素滤渣等 61 种；2010 年，农业部 1519 号公告又发布了禁止用于食品动物的 11 种具有促生长作用的药物。

三、抗寄生虫类药物残留

寄生虫对人类和动物的危害均较为严重，其在宿主细胞、组织或腔道内寄生，可引起一系列的损伤，不仅吸取畜禽（宿主）机体的营养，还会释放毒素和有毒代谢产物而破坏机体的细胞，干扰畜禽的正常生理机能，并传播病原微生物等。但目前对寄生虫病的治疗仍主要为药物治疗，因此抗寄生虫类药物残留比较普遍。

目前，国内外常规应用的抗寄生虫药物种类很多，归纳起来可分为抗原虫药和抗蠕虫（吸虫、绦虫、线虫）药两大类。这些药物大多属于广谱抗虫药，即一种药物可驱杀多种寄生虫。抗原虫药包括氯喹（Chloroquine）、伯氨喹（Primaquine）、乙氨嘧啶（Pyrimethamine）、青蒿素（Artemisinine Chinghaosu）等，抗蠕虫药包括阿苯达唑（Albendazole）、甲苯哒唑（Mebendazole）、吡喹酮（Praziquantel）等。

（一）抗寄生虫类药物作用机制

1. 抑制虫体内的某些酶

通过抑制虫体内酶的活性，而使虫体的代谢过程发生障碍。

①左旋咪唑、硫氯酚、硝硫气胺、硝氯酚——能抑制虫体内的琥珀酸脱氢酶的活性，阻碍延胡索酸还原为琥珀酸，阻断了 ATP 的产生。

②有机磷酸酯类——能与胆碱酯酶结合，使酶丧失水解乙胆碱的能力，引起虫体兴奋、痉挛，最后麻痹死亡。

2. 干扰虫体的代谢

某些抗寄生虫药能直接干扰虫体的物质代谢过程。

①苯并咪唑类——能抑制虫体微管蛋白的合成，影响酶的分泌，抑制虫体对葡萄糖的利用。

②三氮脒——能抑制动基体 DNA 的合成，而抑制原虫的生长繁殖。

③氯硝柳胺（驱绦虫药）——能干扰虫体氧化磷酸化过程，影响 ATP 的合成，头节脱离肠壁而排出体外。

④氨丙啉——化学结构与维生素 B_1 相似，故在球虫的代谢过程中可取代维生素 B_1 而使虫体代谢不能正常进行。

⑤有机磷杀虫剂——干扰虫体内肌醇的代谢。

3. 作用于虫体的神经肌肉系统

直接作用于虫体的神经肌肉系统，影响其运动功能或导致虫体麻痹死亡。

①哌嗪——箭毒样作用，使虫体肌细胞膜超极化，引起迟缓性麻痹。

②阿维菌素类——能促进 γ-氨基丁酸的释放，使神经肌肉传递受阻，导致虫体产生弛缓性麻痹→在胃肠道吸附功能消失，胃肠道蠕动排出体外。

③噻嘧啶——能与虫体的胆碱受体结合，产生与乙酰胆碱相似的作用，引起虫体肌肉强烈收缩，导致痉挛性麻痹。

4. 干扰虫体内离子的平衡或转运

菊酯类抗球虫药能与钠、钾、钙等金属阳离子形成亲脂性复合物，使其能自由穿过细胞膜，使子孢子和裂殖子中的阳离子大量蓄积，导致水分过多地进入细胞，使细胞膨胀变形，细胞膜破裂，引起虫体死亡。

（二）抗寄生虫类药物残留危害

随着集约化养殖的迅速发展，抗寄生虫药物的残留问题也逐渐引起人们关注，如使用量超标、停药期过短和不对症使用等问题造成药物在畜禽体内的残留量超过国家限定标准。当不合格畜禽产品流入市场，可能会给消费者的餐桌带来食品安全隐患。

长期大量食用抗寄生虫药物残留超标的畜产品会直接或间接性损害人体健康，严重者可引起中毒甚至致死。一些抗寄生虫药物残留能够导致基因突变或染色体畸变，长期食用含抗寄生虫药物残留的畜产品，会大大增加致癌、致畸以及致突变的概率，对人体健康造成严重的威胁，甚至危害生命。抗寄生虫药物残留问题若得不到有效解决会形成一个恶性循环，畜禽动物在使用药物后，代谢不全的药物残留物通过粪便、尿液等排泄物排到自然环境中后，仍具有活性，可造成水源、土壤不同程度的污染和生物富集，进而使生态系统遭受影响。在国内，抗寄生虫药物残留问题一定程度上制约了鸡肉等容易发生药物残留畜产品的销售；在国际上，如果出口的畜产品中抗寄生虫药物残留被检出超标，可能会被取消出口贸易资格。这些都将严重影响到国民经济的持续稳定健康发展。

（三）抗寄生虫类药物检测方法

在动物畜产品中对于各类阿维菌素残留，在检疫中针对药物残留，要选取酶联免疫吸附法、串联质谱法等。其中酶联免疫及高效液相色谱法应用较为简单，对各类辅助仪器应用要求相对较低，能进行初步筛选。此方法应用中要选取经过全面粉碎的样品，应用乙腈重复性提取。在前期处理中提取操作相对简单，需过 2 个固相萃取柱，消耗时间较长。抗原虫药中的原虫是明显的单细胞原虫生物，其组成较多，主要有球虫、滴虫、梨形虫等。球虫能诱发雏鸡产生严重的肠道病变，滴虫对动物生殖发育具有较大影响，因此，抗原虫药在应用中具有较大价值。各类抗寄生虫药物在组织和产品中的最低检测限为 $0.5 \sim 10\mu g/kg$，最低定量限为 $1 \sim 20\mu g/kg$；针对以 MRL 为 VL 的药物，98%以上的药物的 CCβ 在 2 倍 VL 以内；针对所有药物，约 60% 药物的 CCβ 在 3 倍 VL 以内。

第三节 药物残留风险评估流程及预防措施

一、药物残留风险评估流程

畜产品药物残留风险评估程序也主要分为以下几个方面：危害识别、危害特征描述、暴露评估、风险描述。

（一）危害识别

药物残留危害识别是指识别兽药残留对人体潜在的不良反应和引起该不良反应的作用机制，并对其进行定性描述，属于定性风险评估的范畴。具体来讲需要以下资料：兽药的一般特征、使用模式、药理性质、分析方法及性能标准、代谢机能和药动学资料、毒理学资料、中间试验下残留消除研究等。药物残留危害识别需要借助流行病学调查、试验研究、查阅权威文献资料等手段总结出畜禽产品中残留的化学药物及其代谢物的危害。需要流行病学研究、动物毒理学研究、体外试验和定量构效关系研究方面的资料。通常情况下，化学药物残留的风险评估对于评估实施方而言，靶目标化合物对人体的危害已有公论，因而只需引用相关权威文献资料即可。只有在新兽药、新发现具毒理作用的代谢物等情况下，才需要对其进行流行病学调查、动物试验、细胞毒理学试验等科学研究，从而评价其可能的危害。不断完善与创新危害识别技术，在全面、科学、系统的危害识别基础上进行风险评估，是目前我国食品安全风险评估面临的重要课题，能更好地将体外研究结果外推到人等。

（二）危害特征描述

危害描述一般指由毒理学获得的数据外推到人，计算长期摄入对人体无危害的每日容许摄入量（ADI 值）或一天或一餐摄入对人体没有危害的急性参考剂量（RFD）。主要关注不良反应的剂量-效应关系、针对特定不良反应最敏感的动物或菌株的鉴定和不良反应的剂量-效应关系的外推。剂量-效应关系评估是确定危害暴露强度与不良反应的严重程度和频率之间的关系，ADI 的获取，是畜禽产品化学药物残留风险评估的基础，也是难点，NOEL 的确定也是该评估过程的重点所在。《食品安全国家标准　食品中兽药最大残留限量》（GB 31650—2019）中给出了 98 种兽药 ADI 值，《食品安全国家标准　食品中 41 种兽药最大残留限量》（GB 31650.1—2022）中给出了 41 种兽药 ADI 值。还有一些数据需要通过查询 JECFA 的相关会议公告（查询网址：http：//apps.who.int/food-additives-contaminants-iecfa-database/search.aspx）和美国农业部 USDA 官网（查询地址：http：//usdasearch.usda.gov/search）来获取。ADI＝NOEL/安全系数。其中无作用计量水平 NOEL 值由相应试验获得，国际通用安全系数一般采用美国食品质量保护法规定的 100（由种属差异 10 倍和个体差异 10 倍而来）。如果仍无资料，评估实施方可经委托方和会商专家同意后，通过靶目标化合物在人体实验中的基准剂量与安全系数的比值来描述 ADI，即 ADI＝ED_{05}/安全系数。基准剂量通常以权威机构发布的 ED_{05} 或 ED_{10}（5% 或 10% 的有效剂量）来表示，安全系数可采用通用的 100，也可采用 1 000（进一步附加不确定系数 10）来计算。由于受试验条件、研究的出发点与角度等诸多因素影响，资料中的 ED_{05} 或 ED_{10} 值可能相差极大，因而一般不建议采用此方法，但对于农业农村部公告禁止在动物体使用的药品和化合物，只能按此方法来获取时，建议采用官方数据，并根据风险最大化原则选取数值最低的 ED_{05} 或 ED_{10} 值。

（三）暴露评估

畜产品中药物残留暴露评估通常指膳食暴露评估。在评估兽药残留过程中，必须估计残留的饮食摄入量以及将其与 ADI 进行比较。膳食暴露评估是通过整合目标人群的畜禽产品的人均每日消费量和化学药物或其代谢物残留浓度实现对人群摄入某种和/或某类化学药物的定量估计，通常有点评估模型、单一分布评估模型和概率评估模型三种。在执行兽药残留摄入评估中，至少需要两方面的资料：动物源性食品中的残留物质及其浓度相关资料和消费者每天的动物源食品摄入量的相关资料。受易获数据信息和风险评估委托方的资金、时效预期等因素影响，畜禽产品中药物残留风险评估通常采用慢性暴露点评估模型，即以畜禽产品的人均每日消费量与平均残留量的乘积来计算。一般按公式 $EDI = \sum (C \times F) / bw$ 计算，其中 EDI（Estimated daily intake，估计每日摄入量）单位为 μg/（kg·bw·d）；C（农产品中的残留值）单位为 mg/kg；F（农产品的消费量）单位为 g/d；bw（体重）按 kg 计算。

畜禽产品的 EDI 可直接引用相关部门公布的统计结果，如 2019 年全国第六次总膳食研究等基础数据，2023 年全国第七次总膳食研究也已经开展。值得注意的是，由于不同化学药物对不同年龄段人群的危害不尽相同，不同年龄阶段人群的暴露量也不相同，因而在进行此类风险评估时，应当分别提取高危、低危年段人群的人均日摄取量。就目标化合物残留量而言，实际操作中可以根据残留量的平均值进行计算，也可以设置 0.95 或 0.99 的置信水平，对实测残留浓度进行置信区间提取。此外，按照国际惯例，对于未检出的样品，其残留浓度值通常用 1/2 方法检出限表示。

（四）风险描述

风险描述是针对特定人群就已知或潜在的不良反应发生的可能性和严重性所进行的定量或定性估计，包括不确定性。风险描述就是分析每日暴露量 EDI 与每日允许摄入量 ADI 的比值关系，由公式 $RQ_c = EDI/ADI \times 100\%$ 体现，两者比值越小于 1，表明风险越低；两者比值越接近于 1 甚至高于 1 时，表明风险越大。当然基于慢性暴露点评估模型的风险描述只适用于不具遗传毒性致癌类化学药物，即有阈值的物质。对于无阈值的物质，即有遗传毒性致癌类化学药物，则只能建立一个足够小的被认为可以忽略的、对健康影响甚微的或社会能够接受的风险水平。

二、药物残留风险预防措施

畜产品兽药残留问题，是一项长期而艰巨的工作。它涉及社会的各个方面，需要政府和各相关部门的高度重视与支持，同时也需要广大人民群众共同参与，在各方面的相互配合，共同努力下，促使养殖场户规范使用兽药，减少药物残留超标事件的发生，确保畜产品的质量安全。

（一）做好兽药残留检测工作

为加强兽药残留的检测，应建立完善的检测网络，确保县级畜产品检测机构能够独立行使检测职能，出具具有法律效力的检验报告。这样有利于及时掌握畜产品兽药残留情况，对违法用药科学取证，为执法提供及时有效的科学依据。同时，明确畜禽屠宰企业兽药残留检测的法定义务，对不履行该义务的行为设定相应罚则。另外，农业农村部门做好定期抽检工作，对于药物残留超标的养殖场、屠宰企业，加大惩罚力度，减少人为造成药物残留的行为。

（二）做好宣传教育工作

针对广大的消费者，相关部门应通过广播、电视、网络、微信平台、张贴告示、现场讲座等方式向广大消费者大力宣传药物残留的危害，增强其维权意识。针对养殖场（户）、兽药生产企业、屠宰企业，进行诸如《动物食品中兽药最高残留限量》《兽药管理条例》《中华人民共和国农产品质量安全法》等法律法规的宣传，使其认识到人为造成的药物残留将会危害消费者的身体健康与生命安全，并会受到法律的严厉制裁，从而使其知法、懂法，进而自觉守法。因此，可邀请专家现场讲解安全用药、合理用药、预防用药以及严格遵守执行休药期等知识，以提升养殖场户科学用药水平，减少盲目用药、超量用药的行为，进而避免药物残留事件的发生。

（三）抓好防疫工作

农业农村相关部门加强对各个养殖场户的监督管理工作，督促养殖场（户）建立养殖档案，以了解其生产、用药、用料、免疫、消毒、无害化处理等情况，督促养殖户建立完善的防疫制度。使其能够在实践中，坚持"预防为主、养防结合、防重于治"的方针，严格按照畜禽免疫的技术规范，按照规定部位、规定剂量进行注射，确保免疫密度和质量，减少动物疫情的发生，进而减少畜产品药物残留。

（四）建立协调机制

政府应高度重视畜产品药物残留问题，加强农业农村部门与其他部门间、本地区与其他地区间的沟通协调联动。坚持集中治理和日常监管相结合，畜产品兽药残留监控与市场监督管理相衔接，畜产品消费地与输入地相配合，形成齐抓共管、同频共振的良好局面。这样才能保障畜产品安全，确保消费者真正吃上放心肉。

总之，畜产品药物残留是件刻不容缓、亟待解决的事情，是关系到人类健康、消费者舌尖安全的大事。需要政府的重视、农业农村部相关单位的配合、养殖场（户）、兽药生产企业、屠宰企业的共同努力，进而彻底改变当前畜禽产品药物残留的现状。

第四节　典型参数风险评估

一、喹乙醇

（一）危害识别

喹乙醇（Olaquindox，OLA），商品名为快育灵、培育诺等，属于喹噁啉类药物，具有抗菌和促生长作用。自德国 Bayer 公司于 1965 年首次合成喹乙醇以来，其作为动物专用化学合成抗菌剂广泛应用于养殖业中。1976 年西欧经济共同体正式批准喹乙醇为饲料添加剂；日本从 1981 年即开始应用喹乙醇药物添加剂；瑞典在 1986 年出台禁令，严禁使用喹乙醇，是世界上最早禁用的国家；丹麦和德国分别于 1995 年和 1996 年禁止使用喹乙醇；荷兰在 1998 年停止使用喹乙醇；1999 年，欧盟正式全面禁止使用喹乙醇；2000 年澳大利亚也禁止将喹乙醇作为动物饲料添加剂；在美国，FAD 认为喹乙醇与卡巴氧的结构相似，而卡巴氧被证实具有致癌作用，所以喹乙醇一直未被批准使用。近年来，南美洲各国也陆续禁止使用喹乙醇饲料添加剂，我国农业部禁止喹乙醇用于家禽和水产养殖业，只允许用于体重不超过 35kg 的仔猪。

（二）危害特征描述

喹乙醇毒性分级为低毒到中毒，各种动物对喹乙醇毒性的敏感程度有较为明显的种属差异，其中禽类最敏感，鱼类敏感性低。喹乙醇具有一定的蓄积毒性、遗传毒性、致畸性和免疫毒性，对机体细胞凋亡、自由基和体内正常菌群等有影响，对环境生态也有潜在的不良影响。喹乙醇在动物体内的主要代谢为 3-甲基喹噁啉-2-羧酸（MQCA），为喹乙醇的残留标志物，此化合物对人类健康有潜在威胁。

（三）暴露评估

Bayer 公司向 WHO 提交的大鼠亚慢性毒性试验（90d 喂养试验）结果表明，对大鼠的 NOEL 为每千克体重 1mg/d；Lorke、Tettenborn 和 Mawdesley-Thomas 等的比格犬亚慢性毒性试验表明，对比格犬的 NOEL 为每千克体重 20mg/d；Gericke、Dycka、Hoffmann 等进行德系长白仔猪（9~10kg）为期 20 周的喂养试验结果表明，日粮中添加喹乙醇的 NOEL 为 100mg/kg；Steinhoff 和 Gunselmann 进行的小鼠慢性与致癌合并试验结果显示，对小鼠的 NOEL 为每千克体重 18mg/d；Steinhoff 以及 Steinhoff、Boehme 等进行的大鼠慢性与致癌合并试验结果显示，对大鼠的 NOEL 为每千克体重 10mg/d；王娜等采用欧盟经典的兽药生态风险评估模型与方法对喹乙醇进行生态风险评估。喹乙醇在土壤、地表水、地下水中的预测暴露浓度为 0.313~2.68mg/kg、

0.928~10.2mg/L、0.281~3.10mg/L，预测无效应浓度分别为>200mg/kg、0.5mg/L、0.5mg/L，预测生态风险分别为<1.34×10^{-2}、1.856~20.4 和 0.562~6.20。

中华人民共和国农业部公告第 2638 号发布时间：2018 年 1 月 11 日。为保障动物产品质量安全，维护公共卫生安全和生态安全，农业部组织对喹乙醇预混剂、氨苯胂酸预混剂、洛克沙胂预混剂 3 种兽药产品开展了风险评估和安全再评价。评价认为喹乙醇、氨苯胂酸、洛克沙胂 3 种兽药的原料药及各种制剂可能对动物产品质量安全、公共卫生安全和生态安全存在风险隐患。

（四）风险描述

由于喹乙醇具有光敏毒性、肾毒性、遗传毒性以及可能的致突变性和致癌性，且还缺乏喹乙醇代谢物的毒性研究资料，因此国内外至今仍未制定喹乙醇的 ADI 值，也就是说无法计算喹乙醇的最高残留限量和制定休药期。JECFA 先后于 1990 年和 1995 年两次对喹乙醇的安全性进行评价，虽然没有确定它的 NOEL 和 ADI，但是规定了喹乙醇的残留标志物为 3-甲基喹噁啉-2-羧酸，用于残留监控的靶组织为猪肌肉，MRL 为 4μg/kg。喹乙醇在我国养猪业广泛使用，为了控制喹乙醇的残留，农业部规定只能用于 35kg 以下的仔猪（添加量 50mg/kg），以 3-甲基喹噁啉-2-羧酸作为喹乙醇的残留标志物，暂定其在猪肝和猪肌肉中的 MRL 分别为 50μg/kg 和 4μg/kg，休药期为 35d。

二、金刚烷胺

（一）危害识别

金刚烷胺（Amantadine 或 1-amonoadamantane）是一种水溶性三环胺，分子式为 $C_{10}H_{17}N$。金刚烷胺通常为白色粉末或小颗粒状，无臭无味，易溶于有机溶剂，在光和空气中性质稳定，常储存在阴凉干燥的密闭容器中。它是世界上第一个防治流感的抗病毒药物，它的出现改变了人类流感一周痊愈的观念，颠覆了传统的依靠自身抵抗力的非正规疗法，在畜禽养殖业，长期过量将金刚烷胺用于畜禽流感治疗会导致畜禽出现中毒现象，直接诱导病毒变异，使畜禽产生较强的耐药性，在影响动物品质的同时危害人体的身体健康。2005 年，美国 FDA 已将金刚烷胺列为畜禽类滥用药物；同年，我国农业部也在第 560 号公告中将金刚烷胺归为禁用兽药。近几年，在兽药制剂中添加金刚烷胺等抗病毒药物的现象仍然存在，不仅违反了我国相关规定，而且对动物源食品的安全问题以及人类身体健康产生不良影响。

（二）危害特征描述

金刚烷胺副作用主要表现在中枢神经系统有关，在日剂量超过 200mg 或与胆碱能药物同时使用时会引起急性精神病、昏迷和心血管毒性等症状，严重时会致人死亡。除导致病毒产生耐药性，金刚烷胺还可直接或间接引起生物体神经损伤。人类长期服用金刚烷胺类药物常见的不良反应有产生幻觉、意识障碍等，严重时导致精神安定性恶性综合征或产生自杀意念。此外，食品中残留的金刚烷胺可通过食物链传递到人体，进而影响人体健康。相关研究表明，人体过量或长期服用金刚烷胺，将增加中毒的风险，并对胃肠道、皮肤、肾功能、角膜等造成损害。人类每日服用高剂量金刚烷胺，可能损害角膜内皮细胞、内皮功能障碍和其他角膜合并症。

（三）暴露评估

马传响等发现大剂量的金刚烷胺导致小鼠的神经递质异常，并对小鼠的心理神经系统造成伤害。REES等开展金刚烷胺对马的神经系统研究发现，低剂量金刚烷胺对马产生下背部肌肉无力等短暂神经影响，高剂量使马的癫痫发作并死亡。研究表明，蛋鸡在注射金刚烷胺后会产生精神不振和排白色稀粪等不良反应。叶金朝等发现患者服用金刚烷胺后，肾功能的血尿素氮（Blood urea nitrogen，BUN）和肌酐（Creatinine，Cr）升高，导致双下肢水肿。HELMANDOLLAR等对长期服用金刚烷胺的患者开展研究，发现40%的患者长期服用金刚烷胺后会出现网状青斑的现象。

（四）风险描述

由于金刚烷胺可通过食物链传递对人体造成危害，国内外已有相关机构对金刚烷胺的使用和测定做出规定。2005年我国农业部发布560号公告禁止金刚烷胺类人用抗病毒药移植兽用，以防为动物疫病控制带来严重后果。2006年，美国食品药品监督管理局禁止金刚烷胺用于家禽养殖。2013年日本厚生劳动省在进口食品监控计划中加入对中国产鸡肉中金刚烷胺的检查。

国内各地监管部门对各种养殖产品进行兽药残留安全监督抽查，结果显示金刚烷胺检出事件时有发生。崔乃元等检测发现北京市海淀区1份鸡肉样品和1份鸭肉样品金刚烷胺残留量为3.5μg/kg和2.1μg/kg。WANG等发现563批蜂蜜样品中，2份样品含金刚烷胺。齐刚对辽宁省北镇市12批鸡蛋进行检测，结果表明2批样品中金刚烷胺残留为1.4μg/kg和4.6μg/kg。张玉昆等发现市面上1批对虾样品中金刚烷胺含量为4.7μg/kg。郑伟云对山东烟台长岛的海带检测后，发现海带中金刚烷胺残留量叶体平直部＞叶体凹凸部＞假根和柄，含量分别为64.92μg/kg、54.14μg/kg、48.72μg/kg。胡巧茹等通过高效液相色谱-串联质谱法对市场上66批次辣椒及辣椒制品检测，结果显示，9批鲜辣椒样品、3批干辣椒样品中检出金刚烷胺，含量为3.1~22.7μg/kg。2020年市场监管总局关于17批次食品不合格情况的通告〔2020年第12号〕中，发现湖南某农副产品贸易有限公司生产的农家鸡蛋中金刚烷胺超标，含量为 22.1μg/kg；2023 年湖南省农产品质量安全第一次监督抽查结果的通报中查处一起鸡蛋中金刚烷胺超标。

随着金刚烷胺的过量使用，除部分地区畜禽产品中能检出金刚烷胺，部分地区海水中亦检出金刚烷胺，而水产品可通过海水积累金刚烷胺，这些食品进入人体后将对人体产生不良影响。但目前国内对金刚烷胺的检测主要集中于畜禽产品，对水产品及其他植物食品检测较少。鸡蛋中检出金刚烷胺，说明金刚烷胺的稳定性强，可通过亲代传递给子代。因此，金刚烷胺的残留问题需引起人们重视。孙海新等调研发现，部分肉鸡养殖户存在金刚烷胺滥用问题，且养殖规模越小，金刚烷胺的使用越无序。杨琳芬等通过对禽肉和禽蛋中金刚烷胺进行风险评估调查研究，结果表明，在蛋禽和肉禽的养殖过程中均存在违法使用金刚烷胺的现象，且一般养殖户样品中金刚烷胺检出率高于规模养殖户。任传博等通过响应面法优化刺参中的金刚烷胺检测发现，目前刺参样品中确实存在金刚烷胺残留风险。郑伟云在金刚烷胺与藻类质量安全相关性研究中，对金刚烷胺安全状态指数和残留量的风险系数分析，结果显示，在所采样月份和城市中，各指标安全指数均<1 且风险系数为 1.1 （<1.5），说明海带中金刚烷胺风险低。BERENDSEN 等利用柱转换液相色谱与串联质谱联用技术检测发现火鸡中残留金刚烷胺。Xu 等采用超高效液相色谱–电喷雾正离子串联质谱法检测海水和海带，结果表明，海水和海带中均存在金刚烷胺且海带中金刚烷胺含量明显高于海水。说明海带可以在海水中积累金刚烷胺，并通过食物链进行生物放大。

金刚烷胺因其具有神经毒性并可产生抗药性等危害已经引起国际社会的广泛关注。金刚烷胺残留量检测及其造成的食品和生态安全风险评价将是今后研究工作的热点。

目前，国内外已经建立较为成熟的食品中金刚烷胺残留量的测定方法，开展禽蛋、牛奶、蜂蜜、辣椒和海带中金刚烷胺残留量的检测分析。但检测方法多为仪器分析方法，需耗费大量的人力物力，效率较低，需探索更加简单，快速且稳定性高的方法。

目前国内外对金刚烷胺的安全性评价较少，尚处于起步阶段。国外对金刚烷胺的安全性评价侧重于人体用药方面，国内食品中金刚烷胺的安全性评价研究文献屈指可数，因此，要加强食品中金刚烷胺对人体健康的安全性研究。

金刚烷胺不易降解，在生物体中多以原药形式排入外界环境，对环境中的动植物等产生一定的影响，亟须建立环境及更广泛动植物中金刚烷胺残留量的测定方法，并开展环境中金刚烷胺污染状况调查，进一步明确金刚烷胺的环境行为特征和生物富集规律。

三、甲硝唑

（一）危害识别

甲硝唑（Metronidazole），一种抗厌氧菌和抗原虫药物，主要用于治疗或预防由厌氧菌引起的系统或局部感染，对败血症、心内膜炎、脑膜感染以及使用抗生素引起的结肠炎也有效。甲硝唑是一种抗生素和抗原虫剂。2017 年 10 月 27 日，世界卫生组织国际癌症研究机构公布的致癌物清单中甲硝唑列入 2B 类致癌物清单。《食品安全国家标准　食品中兽药最大残留限量》（GB 31650—2019）中的规定，甲硝唑为允许使用药物，但是不得在动物性食品中检出。

（二）危害特征描述

易引起消化系统不良反应。十分常见的副作用之一，恶心、呕吐、腹泻都是其中症状之一，一般不影响治疗，不过也有过甲硝唑引起消化性溃疡出血、中毒性肝炎等严重消化系统不良反应的报道。使用甲硝唑的同时可以使用维生素 B_1、维生素 B_6、甲氧氯普胺等药物预防或减轻消化系统和神经系统的不良反应。引起过敏反应。最常见的有皮肤瘙痒、水肿、口炎等皮肤过敏症状，停药后可以自愈。也曾有过口腔黏膜严重糜烂、过敏性休克、急性肺水肿死亡等严重的过敏反应。甲硝唑具有神经毒性，用药期间可能会出现神经系统的不良反应，如头痛、失眠、嗜睡、忧郁等。长期大剂量使用甲硝唑可能会引起周围神经炎和感觉异常。曾有报道因为甲硝唑导致小脑性共济失调、感觉性神经痛、重症精神失常等案例。但由甲硝唑引起的神经、精神症状一般停药后可自愈，有活动性中枢神经系统疾病的患者禁用甲硝唑。甲硝唑还可能出现心肌损伤、心悸、胸闷等不良反应，曾有报道甲硝唑引起的肌无力，静脉滴注甲硝唑引起的溶血性贫血和重度白细胞减少等。

（三）暴露评估

暴露评估是风险评估的重要组成部分，主要有点评估、简单分布和概率评估。马晓年等对云南省市售蜂蜜中甲硝唑残留进行分析，发现甲硝唑残留的检出率为97.0%。2016—2019 年陕西省蜂蜜中甲硝唑监测结果可知，2017 年甲硝唑残留量均值位居 4 年监测结果的首位，据调查，2 份声称农家无添加的土蜂蜜检出甲硝唑，其中 1 份甲硝唑含量高达 12 872μg/kg。2016—2019 年蜂蜜中甲硝唑检出率为 12.68%。我国相关标准中规定甲硝唑不得在动物性食品中检出，无 ADI 值。评估其对人体健康风险时，采用 LOD 进行评估。儿童通过蜂蜜摄食的甲硝唑暴露风险高于孕龄女性，高于青少年和老人；2017 年和 2018 年的风险商均高于100%，人群通过蜂蜜摄入的甲硝唑残留风险不可接受；2016 年和 2019 年高端暴露风险值得关注。

2016—2019 年陕西省动物源食品中甲硝唑检测结果显示，蜂蜜中甲硝唑检出均值高达 64.02μg/kg，检出率 12.68%，其次为鸡蛋检出率 12.10%，检测均值为 15.08μg/kg，鸡肉和猪肉中甲硝唑均有检出，均值都为 0.01μg/kg。2016—2017 年云南省蜂蜜中甲硝唑检出率为 97.0%。结果显示，蜂蜜中甲硝唑的不合规使用情况不容忽视。

（四）风险描述

甲硝唑有致癌性和致遗传变异性，欧盟、美国等禁止甲硝唑在动物源性食品中使用，我国农业农村部公告第 250 号将其列为禁用药物；GB 31650—2019 规定，甲硝唑允许作治疗用，但不得在动物性食品中检出，其中牛停药期为 28d。

第四章
畜产品中重金属残留风险评估

随着我国经济的迅猛发展，人们生活品质不断改善，对动物源性食品的需求量及其质量安全的关注度不断提升，重金属含量超标问题引起了人们的高度重视。重金属可以通过食物和饮水等方式被动物摄取，且在动物体内难以降解，因此重金属会残留在肉、蛋、奶等动物源性食品中，从而造成潜在的食品安全问题，威胁人类健康。

重金属通常是指密度大于 $4.5g/cm^3$ 的金属，约有 45 种，广泛分布在环境中，常引起动物源性食品污染的主要有铅、汞、镉、铬及类金属砷等，它们在生物体内不易排出和降解，与人体中各种蛋白质等有机成分相互结合，导致蛋白质变性，损害肝脏功能，使血液循环系统紊乱，引发一系列中毒症状和神经症状，增加疾病发生的概率。

第一节　重金属残留主要来源

重金属在自然界中分布广泛，有些重金属元素是构成生命个体所必需的微量元素，而有些却有严重的毒害作用。重金属能够以水、空气以及畜禽产品等作为媒介，通过生物链进入人体。由于重金属在人体内的不断积累，在很大程度上影响到人们的身体健康，例如镉、铅以及汞等重金属进入人体量相对较多，最终导致癌症以及心脑血管疾病等出现。同时，重金属所呈现的形态不同，重金属元素对人体造成的危害程度也有一定差异。

一、养殖环节

（一）饲料原料

饲料中重金属残留是畜产品中重金属残留的主要原因。饲料在生产过程中以及生产饲料的原材料存在一定的污染风险，当这些被重金属污染了的饲料喂给动物后，重金属会进入动物体内，并残留在各种组织器官中，最终为人类食用，引起慢性中毒，严重威胁人类健康。如猪肉中的铅污染主要来源于饲料中铅的污染；鱼粉营养丰富，含有大量动物蛋白质和钙、磷等矿物质，是最好的动物饲料原料，而被汞污染的鱼类是饲料中汞的主要来源。

（二）人为添加

有机砷制剂作为饲料添加剂曾被广泛用于畜禽促生长，且在畜禽养殖业中取得了相当的经济效益。美国食品和药物管理局（FDA）最早于1964年允许砷制剂应用于鸡的饲料，1983年正式批准用作猪鸡的促生长剂；我国农业部于1996年《饲料药物添加剂使用规范》批准了砷制剂的使用。目前常用的砷制剂主要有3-硝基-4-羟基苯砷酸（又名洛克沙肿）和对氨基苯砷酸（又名阿散酸）两种。但由于生产企业夸大了有机砷制剂的促生长作用、防病效果和有机砷制剂可使动物皮肤红润的作用，以致有机砷制剂的应用越来越广泛，添加剂量日趋增高。如果养殖户在屠宰前都未能遵守休药期的规定，相应畜产品中砷的残留情况可能非常严重。

二、环境污染

重金属污染与其他污染不同，具有富集性，难以在环境中降解。这些年来，中国在重金属的开采、冶炼、加工过程中，产生了不少富含铅、镉、汞、砷、锡、镍、铬等重金属的工业废料，往往是被随意排放于土壤、水和大气之中。土壤中富集的重金属可通过农作物进入饲料环节；进入水中的重金属可在藻类和底泥中积累，被鱼和贝类体表吸附，都进入食物链形成畜产品中的重金属残留，最终结果可能是在食物链最顶端的人类体内蓄积。

第二节　重金属风险因子危害识别

重金属元素除了铜、锌、锰等元素为人体所必需的微量元素之外，大部分元素（如汞、镉、铅、铬等）对人体没有任何积极作用，反之对人体不断产生毒副作用。动物源性食品中的重金属主要有汞（Hg）、镉（Cd）、铅（Pb）、砷（As）、锌（Zn）、锡（Sn）、铬（Cr）等。砷（As）虽然是非金属元素，但因其来源及危害都与重金属相似，在重金属污染研究中通常也列入重金属类。这些重金属大部分从环境进入到畜禽产品体内，主要有两种途径：一是环境污染，工业排污或生活化学污水污染水源，进而污染土壤，造成水中的生物和地上的植物体内含有大量的重金属，尤其是一些浮游生物体内还能蓄积重金属，然后通过食物链进入畜禽体内；二是饲料超标，一些劣质矿物质饲料添加剂容易造成饲料中重金属超标，或者饲喂含有重金属的药物，如有机砷制剂等。

当食物中的重金属残留量超过一定的指标后，对人体健康构成极大威胁。尽管铜、锌、锰等元素重金属是生命活动所需要的微量元素，但摄入过多同样会危害健康。重金属通过多种渠道残留在动物性食品中，一般并不表现出急性毒性作用，然而若随动物性食品长期低剂量被人体摄入，则可能产生慢性蓄积性作用，引起组织、器官、细胞、亚细胞及分子水平的损害。

一、重金属残留主要种类

（一）汞（Hg）

重金属汞，俗称水银，由于其具有良好的性能在工业、农业和医药生产等领域都有广泛的用途，但也已成为公认的全球性环境污染的公害之一。汞在环境中主要以单质汞（Hg）、无机汞（Hg^+、Hg^{2+} 盐及其配合物）和有机汞（烷基汞、苯基汞）的形态存在。汞不是人体必需元素，而是一种高毒性重金属元素，汞可以通过摄食、呼吸和皮肤三种途径进入动物体内，对人类和动物的神经系统、生殖系统、肾脏和胎儿等产生毒性作用。自然界中各种形态的汞都可通过食物链富集，进而对人类和动物造成危害。目前，WHO 和各国政府均把汞列为优先控制的污染物。2001 年联合国环境署（UNEP）进行了一次全球汞评估，结论指出：汞已经造成了对世界各地人类健康和环境各种有记录的、重大的负面影响，要求针对汞污染问题采取进一步的国际行动。2007 年 UNEP 呼吁各国政府尽快达成协议，以逐步淘汰对人类健康和环境有害的重金属汞。2022 年我国制定了食品中汞最大残留限量标准（MRL）（GB 2762—2022），粮食为 0.02mg/kg，蔬菜、水果和薯类为 0.01mg/kg，鲜乳为 0.01mg/kg，肉、蛋（去壳）为 0.05mg/kg。

1. 汞毒性作用

大量试验证明：无论是元素汞、无机汞还是有机汞均可直接或通过食物链间接在动物和人体内蓄积并引起多器官多系统毒性作用。一般而言，有机汞的毒性比无机汞的毒性大，有机汞中尤以甲基汞的毒性对动物和人类危害最大；汞离子的毒性比汞大，在汞离子中，Hg^{2+} 的毒性比 Hg^+ 大。

汞对肾具有毒性作用。肾脏是无机汞表达毒性的主要靶器官，汞离子可以对肾脏细胞产生毒性作用。其主要蓄积在肾脏近曲小管的上皮细胞中，可以影响上皮细胞中的酶活性并使蛋白变性，破坏上皮细胞的膜结构和功能。2007 年 Hodgson 等对英国西北部汞污染工业区的人口所发生的肾脏疾病死亡率进行统计分析，指出汞污染是该地区发生较高的肾脏疾病死亡率的主要原因。

早在确认"水俣病"是由汞中毒引起的时候，汞对神经系统的毒性作用就引起了人们的重视。2008 年 Yorifuji 等通过对 20 世纪日本"水俣病"事件的资料进行统计分析后指出：长期生活在甲基汞污染地区的人类可以发生明显的共济失调、发音困难、震颤等神经症状。有机汞，特别是甲基汞因其分子量小，碳链短，非电离，脂溶性大等特点，极易透过血脑屏障，对中枢神经系统有很强的毒性作用。阿尔茨海默病是一种由大脑回进行性萎缩，神经胶质增生引起的痴呆症，其病原学尚未定论但流行病学调查指出，在阿尔茨海默病病人的脑和血液中富集有较高水平的汞。2004 年 Mutter 等，2007 年 Schmidtke 等均指出汞接触可能是引起阿尔茨海默病的病因之一。近年来，人们对汞对神经发育的毒性作用做了大量的研究，汞对神经发育具有很大的毒性作用。

　　近年来，汞的生殖毒性作用也引起了人们的广泛重视，国内外的学者对汞的生殖毒性作用做了大量的研究。董杰影等分别以 0.25mg/kg、0.5mg/kg、1.0mg/kg 的剂量给 4 周龄雄性小鼠腹腔注射氯化汞，试验结果表明：中、高浓度氯化汞组附睾精子密度低于对照组，3 种浓度氯化汞均可导致附睾精子畸形率升高，说明汞暴露对小鼠精子具有亚慢性毒性作用。2008 年 Burgess 等通过研究指出：捕食被二甲基汞污染鱼类的潜鸟，随着汞污染程度的增高，其繁殖力降低；当鱼汞水平为 0.21μg/g 时，潜鸟的繁殖力下降 50%；当鱼汞水平为 0.41μg/g 时，潜鸟的繁殖力完全丧失。Brasso 等也通过研究指出，捕食被汞污染河流的水生昆虫的燕子，其繁殖能力降低。Sand-heinrich 等研究指出，给鱼类饲喂含汞日粮可以使其交配行为受到抑制。2004 年 Itai 等对两个受汞污染的地区在 1956 年以前和 1956—1968 年（汞污染变得更加严重）两个时期的异常妊娠流行病学资料进行统计分析，结果表明：污染地区女性的异常妊娠率随着污染程度的加剧而增高，汞污染与女性的异常妊娠有紧密的关联。Khan 等研究报道，给小鼠每天饲喂 0.25~1.00mg/kg 的氧化汞，可以对其繁殖性能产生不利影响。

　　汞的遗传毒性也已经引起了人们的关注。2000 年 Ben-Ozer 等也指出，低剂量的氯化汞可以损伤细胞 DNA，并且可能具有导致遗传改变的毒性作用。2005 年 Rozgaj 等在通过彗星试验和微核试验评价氯化汞对大鼠的遗传毒性作用时指出，攻毒后的大鼠外周血淋巴细胞的尾长、尾相和微核率均比对照组高。

　　有机汞可通过胎盘屏障侵害胎儿，诱发新生儿产生先天性疾病。早在水俣病和伊拉克甲基汞中毒事件中，研究人员就发现妊娠母体接触不足以引起母体出现任何症状剂量的甲基汞，就可使其后代产生智力低下、精细动作障碍、神经发育迟缓，甚至出现脑性麻痹。脐带血中的汞含量能直接反应胎儿循环的汞含量，2008 年 Ramon 等研究报道，地中海地区的妇女在怀孕期间吃被汞污染的鱼，可导致胎儿脐带血中汞值明显升高。妊娠期汞接触对胎儿的毒性作用主要表现为对胎儿中枢神经系统发育的影响。Montgomery 等给妊娠 8~18d 的小鼠每天饲喂每千克体重 0.01mg 的二甲基汞，可以使其后代发生运动和认知能力的缺陷。2004 年，我国郭杰的研究表明：大鼠长期低剂量接触不同浓度氯化甲基汞（0.75mg/kg、1.50mg/kg 和 3.0mg/kg）可使其生后仔鼠大脑、小脑和海马部分神经元出现凋亡形态学改变。

2. 汞毒性作用机制

目前，国内外学者对汞的毒性作用机制的解释主要有两种：巯基学说和氧化损伤学说。汞离子对巯基具有较强的亲和力，可以与含巯基基团的分子结合形成巯基-汞复合物。因为细胞膜中含有多种带有巯基的蛋白质，巯基对维持细胞膜上的功能酶的活性和膜结构起关键作用，汞离子与细胞膜上的巯基蛋白结合，使细胞膜上的功能酶活性失活或者破坏膜结构从而使汞离子对机体产生毒性作用。

汞对机体产生毒性作用的另一重要机制是氧化应激。研究表明，无机汞能催化细胞膜上的脂质发生过氧化，并产生自由基连锁反应从而使构成生物膜的脂质或其他生命大分子发生过氧化，造成生物膜、蛋白质、DNA 等损伤，进而引起细胞肿胀、崩溃和坏死。也有研究表明，汞引起的氧化应激可能与细胞内的巯基耗竭，特别是谷胱甘肽的耗竭有关。因为谷胱甘肽是细胞内重要的水溶性抗氧化物质，对防御氧化损伤起着至关重要的作用，因此谷胱甘肽的耗竭就会影响细胞内抗氧化系统的抗氧化功能，从而导致细胞氧化损伤。

（二）镉（Cd）

随着工农业的迅速发展，食品污染问题越来越严重，重金属元素尤其是镉元素是当前动物性食品的主要污染物。镉（Cadmium）是 FAO/WHO 公布的对人体毒性最强的重金属元素，是人体的非必需元素，被称为"五毒之首"。镉在自然界中多以化合态存在，含量很低，常与锌、铅等共生，大气中含镉量一般不超过 $0.003\mu g/m^3$，水中不超过 $10\mu g/L$，土壤中不超过 0.5mg/kg，低浓度镉一般不会影响人体健康。但是随着现代工业的迅速发展，镉的产量逐年增加，大量的镉通过废气、废水、废渣进入自然环境，造成巨大的污染，其污染源主要是铅锌矿、有色金属冶炼、电镀和用镉化合物做原料或触媒的工厂。镉主要通过食物链在生物组织中富集，进入人体引起慢性中毒，对人类健康造成了极大的危害。近年来，镉的污染有从工业向农业转移、城区向农村转移以及水土污染向食品转移的特点。我国国家标准《食品中污染物限量》（GB 2762—2022）规定了畜禽肉类 ≤ 0.1mg/kg，肝脏 ≤ 0.5mg/kg，而肾脏 ≤1.0mg/kg，蛋及蛋制品 ≤0.05mg/kg，鲜、冻鱼类 ≤0.1mg/kg，水产制品鱼类罐头 ≤0.2mg/kg。

1. 镉毒性作用

在适当的生理剂量范围内，铬元素可以促进动物生长、增强它们的性能以及繁殖性能，提升部分酶活性。然而，镉元素很容易在生物体富集，形成严重的动物性食品污染，极大地危害了人们的健康。在日常食品中，镉元素主要来自工业污染、含镉农药以及化肥。如果土壤被铬元素污染了，则会经过食物链富集在动物以及人体内，这就容易带来慢性中毒。镉主要存在于肝与肾中，这就容易和低分子蛋白质密切结合起来，形成相应的金属蛋白。镉可以危害到人体以及动物体内的所有系统，中毒特征通常为疲劳、嗅觉失灵以及血红蛋白的含量大大降低，通常情况下，对肾脏造成了最大的危害，还容易形成肾皮质坏死，损坏肾小管，此外，还会造成肾功能紊乱，钙、磷新陈代谢也发生紊乱，释放出骨中的矿物质。这就造成了骨质疏松、腰痛、骨质脆化以及脊柱畸形等现象。接触过铬的工人体内的血清性激素含量和水平都会发生明显变化。如果长时间摄入铬元素，则会在很大程度上伤害儿童的记忆力，极大地损坏了儿童的长时记忆及短时记忆。

有学者开展的相关动物试验也表明，镉中毒可能会使得动物脑组织中的神经元变性、坏死，多巴胺能神经元的数目开始变少，合成的多巴胺合成数量也开始降低；形成了转化灶，机体的局部范围内还会出现部分病理变化，如炎症反应等。镉还会在很大程度上削弱含巯基酶，也会降低去甲肾上腺素、5-羟色胺、乙酰胆碱的含量和水平，在很大程度上不利于脑的新陈代谢。镉离子是重金属离子，可以致癌，它的生物半衰期达到了 20~40 年。雄性生殖系统最容易感染镉离子。这可能会造成睾丸的内分泌功能降低，在生成精子方面形成精子障碍，对附睾成熟产生直接影响，极大地损坏了男性的生育力。在进入人体后，铬主要是在肝脏中引诱 MT 合成，然后并与它结合，形成 Cd-MT。这种复合物可以经过血液的运输后来到肾脏部分，在肾小球过滤很大含量的铬元素并被肾小管吸收，然后就释放出了游离态的镉元素，它的毒性很强。它对人体骨骼产生了极大的影响，从镉所引发的骨疾病来看，不仅日本有"痛痛病"，很多长时间接触镉的职业群体中也发生了痛痛病。镉主要对维生素 D 和胶原的新陈代谢过程产生干扰，进而使得成骨过程以及骨代谢发生相应的紊乱。如果人体误食了含镉的化合物，则会造成急性中毒事件，在潜伏一段时间后，机体则会出现严重的胃肠刺激现象。例如恶心、里急后重、呕吐等，进一步造成全身性的疲乏、无力、肌肉酸痛以及虚脱等感觉。从上面分析可以看出，镉在很大程度上危害了人体和动物健康，无论何种形式的镉摄入和在机体内的富集，都会损伤人体和动物体的免疫、泌尿、骨骼、神经、循环、生殖等系统，甚至还会出现致癌现象。

2. 镉毒性作用机制

镉在生理剂量范围内对动物有促进生长、提高生长性能和繁殖性能以及促进某些酶活性的作用，但镉在生物体内极易蓄积，造成动物性食品的污染，对人类健康造成了极大的威胁。食品中镉的来源主要为工业污染以及含镉农药和化肥的使用。污染土壤中的镉可以通过食物链在动物体和人体内富集进而引起慢性中毒，镉被吸收后主要分布在肝与肾中，进而与低分子蛋白质结合成金属蛋白。此外，镉还能干扰线粒体功能，引起脂质过氧化作用，从而导致对细胞氧化的作用，最后导致细胞凋亡。动物试验证明，镉可以通过影响 T 淋巴细胞数量、转化功能、亚群变化和细胞因子等影响细胞免疫功能，可以通过抑制和损伤产生抗体的 B 细胞，使其功能和数量降低，从而影响体液免疫功能，可以通过影响巨噬细胞、NK 细胞、红细胞等影响非特异性免疫反应。

（三）铅（Pb）

铅是一种金属化学元素，元素符号 Pb，原子序数为 82，原子量为 207.2，是原子量最大的非放射性元素。金属铅为面心立方晶体。金属铅是一种耐蚀的重有色金属材料，铅具有熔点低、耐蚀性高、X 射线和 γ 射线等不易穿透、塑性好等优点，常被加工成板材和管材，广泛用于化工、电缆、蓄电池和放射性防护等工业部门。2017年 10 月 27 日，世界卫生组织国际癌症研究机构公布的致癌物清单初步整理参考，铅在 2B 类致癌物清单中。2019 年 7 月 23 日，铅被列入有毒有害水污染物名录（第一批）。在我国国家标准 GB 2762—2022 中，肉及肉制品肉类 ≤0.2mg/kg，畜禽内脏0.5mg/kg，肉制品 ≤0.3mg/kg，乳及乳制品 0.2mg/kg，蛋及蛋制品 0.2mg/kg。

铅是一种高密度、柔软的蓝灰色金属，熔点 327℃，沸点 1 740℃，温度超过400℃时即有大量铅蒸气逸出，在空气中迅速氧化成氧化铅烟。常见含铅的物质包括有密陀僧（PbO）、黄丹（Pb_2O_3）、铅丹（Pb_3O_4）、铅白［Pb（OH）$_2$·2PbCO$_3$］、硫酸铅（$PbSO_4$）等。自然界主要以方铅矿（PbS）及白铅矿（$PbCO_3$）的形式存在，也存在于铅矾（$PbSO_4$）中，偶然也有本色铅。铅矿中常杂有锌、银、铜等元素。铅及其化合物的用途很广，冶金、蓄电池、印刷、颜料、油漆、釉料、焊锡等作业均可接触铅及其化合物。

1. 铅毒性作用

铅可以通过食物链影响动物和人类的健康。德国铅和锌冶炼厂周围 5km 之内吃草的马和牛发生铅中毒，动物消瘦，关节肿胀并疼痛，有的喉返神经（支配声带的神经）麻痹，动物有特殊的马嘶声和马喘鸣症，并伴随有呼吸短促。中国鲎的卵径发育大小随铅离子浓度的增加而减小，胚胎孵化率随着水体中铅离子浓度的提高而下降，铅离子浓度提高至 1.6mg/L 时，胚胎致畸率高达 50%。

人类通过呼吸道、消化道和皮肤吸收铅，进入呼吸道铅 20%~40% 留在了人体里。据估计，空气中 $1\mu g/m^3$ 浓度的铅可使血管中铅的浓度达到 $1~2\mu g/dL$。不论摄入的途径如何，儿童比成人对铅化合物敏感得多，某些数据表明，摄取率高达 50%，相当于 5 倍成人的吸收量。铅严重影响幼儿的智力发育，Peter Baghurst 领导的澳大利亚研究者发现，幼年期间的血铅含量为 $10~30\mu g/dL$ 的 7 岁儿童，其智商比低血铅含量的同龄儿童低 5%，更有甚者，先前暴露于铅的较大孩子似乎连中学毕业都有困难。

铅最能影响的人体系统如下。

（1）造血系统。铅在人体中一个最早、最重要的影响是改变血红素的合成，这使得红细胞改变，造成贫血。

（2）中枢神经系统。铅对中枢神经系统产生重要影响，导致常见的忧郁脑疾病，症状包括细微的生理和行为变化。当铅源从无机铅变为有机铅时，还可产生其他不同的影响。

（3）外部神经系统。导致忧郁麻痹症，它的主要外在表现是手部缺乏力量。此外，泌尿系统、胃肠道系统、心血管系统、生殖系统、内分泌系统和关节等生理系统也会受到铅污染的影响。

2. 铅毒性作用机制

中毒可导致贫血，其发生机制与血红蛋白合成障碍及溶血有关。影响血红蛋白的合成：卟啉代谢障碍是铅中毒机制中重要和较早的变化之一。卟啉是血红蛋白合成过程的中间物，血红蛋白合成过程中，受到一系列巯基酶的作用。现已证实，铅至少对 δ-氨基乙酰丙酸脱水酶（δ-氨基-γ-酮戊酸脱水酶，ALAD）、粪卟啉原氧化酶和亚铁络合酶有抑制作用。ALAD 是一种金属酶，由 8 个相同的亚单位和 8 个锌离子组成，锌离子对酶的活性和稳定性起着重要的作用。铅能置换活动位点的锌离子，抑制 ALAD 的活性，从而使 δ-氨基乙酰丙酸（ALA）形成卟啉原受到抑制，结果血中 ALA 增多，由尿排出的 ALA 也增多；铅抑制粪卟啉原氧化酶，阻碍粪卟啉原Ⅲ，氧化为原卟啉Ⅸ，结果使血中粪卟啉增多，尿排出粪卟啉也增多；铅抑制亚铁络合酶，使原卟啉Ⅸ不能与二价铁结合为血红素，红细胞中原卟啉增多，可与红细胞线粒体内丰富的锌结合，导致锌原卟啉增加。所以尿中 ALA、粪卟啉和血中原卟啉或锌原卟啉测定都是铅中毒的诊断指标。由于血红蛋白合成障碍，导致骨髓内幼红细胞代偿性增生，血液中点彩、网织、碱粒红细胞增多。此三种红细胞中的嗜碱性物质都含有线粒体和微粒体碎片及 RNA，有人认为此三种细胞是由染色技术所造成的不同形态表现而已，其原因可能是铅抑制了红细胞嘧啶-5-核苷酸酶，以致大量嘧啶核苷酸蓄积在细胞质内，并妨碍微粒体 RNA 的降解。

铅中毒贫血不仅是由于血红蛋白合成减少，也由于红细胞寿命缩短。铅可抑制红细胞膜 Na^+-K^+ ATP 酶的活性，使红细胞内 K^+ 逸出，致细胞膜崩溃而溶血。另外，铅与红细胞表面的磷酸盐结合成不溶性的磷酸铅，使红细胞机械脆性增加，也是溶血的原因。急性铅中毒时溶血作用较明显，慢性铅中毒时以影响卟啉代谢为主，溶血作用并不重要。

铅很容易通过胎盘，而且由于发育中脑的内皮细胞不成熟，所以铅也容易通过血脑屏障，因而铅对发育中的中枢神经系统的损害尤其明显。在脑发育早期，神经元前体细胞大量分裂增殖，分化为神经元。铅可作用于这一阶段发挥毒作用，抑制神经元的增殖和分化。神经胶质细胞的正常发育对于神经元的迁移和突触联系的建立有重要影响，铅能导致胶质细胞的提前分化，使胶质细胞和神经元之间的相互作用不能正常进行；铅还能影响血脑屏障的形成，血脑屏障是由内皮细胞紧密连接而成，星形胶质细胞和内皮细胞相互作用，诱导和维持血脑屏障。低剂量的铅能使蛋白激酶 C（PKC）提前从细胞液移位到细胞膜上，这种成熟前的移位打乱了脑内皮细胞的成熟和发育。铅还能蓄积于内皮细胞，直接破坏血脑屏障，也可损伤星形胶质细胞，使内皮细胞丧失屏障作用；铅还影响突触的形成，其机理可能有两种。一种是通过其钙样作用，模拟或抑制钙对神经系统的生理作用，干扰钙对神经递质的释放。铅进入神经末梢可动员细胞内储钙池排出钙，或取代钙与钙调蛋白结合而加强神经递质的自发性释放。这种非正常的活化将导致靶神经元的阈值发生改变，并可使调节神经递质释放的能力下降，从而引起神经通路活动的复杂性降低，导致认知能力下降和行为改变。另一种机理与神经细胞黏附分子（NCAM）有关。NCAM 是膜表面蛋白质复合物，在脑发育过程中调节细胞间相互作用，调节神经纤维和突触的形成。NCAM 的糖基化是其从胎儿形式向成人形式转变的必然过程，而低剂量的铅可抑制糖基化反应，影响细胞间的联系；转甲状腺蛋白（TTR）是脉络丛分泌的脑脊液成分的一种主要蛋白，它是甲状腺素进入发育期脑的载体。铅中毒时，脑脊液中 TTR 的浓度降低，影响发育中的脑获取甲状腺素，从而影响脑的发育。

消化道黏膜具有分泌铅的能力，泌铅过程中，铅对胃黏膜直接作用，破坏胃黏膜再生能力，使胃黏膜出现炎症性变化。有研究显示，慢性铅中毒患者胃黏膜病理损害检出率达 96.7%，并可出现浅表性胃炎和萎缩性胃炎。有报道称慢性中度、重度铅中毒患者初诊为浅表性胃炎，三年后 91%转为萎缩性胃炎。

铅可影响肾小管上皮细胞线粒体的功能,抑制 Na^+、K^+-ATP 酶等的活性,引起肾小管功能障碍甚至损伤。急性中毒主要影响近曲小管,可出现细胞膜损伤、细胞肿胀、线粒体肿胀、破裂及基质内颗粒减少等。肾小球细胞核内常出现一种包含体,为铅与蛋白质复合物,其性质尚不完全清楚。一般认为是细胞的防卫机能,使细胞内的铅储存在包含体内,阻止铅对细胞的直接毒害作用。慢性中毒除损伤肾小管外,主要表现为进行性间质纤维化,开始在肾小管周围,逐渐向外扩展,肾小管萎缩与细胞增生同时并存。

长期铅接触可导致血压升高、中毒性心肌炎和心肌损害等。铅可使体内的氧自由基增多,产生脂质过氧化损伤,包括心肌细胞膜和心肌微粒体膜,并能影响心肌微粒体膜的阳离子转运酶,使主动脉等血管细胞内 Ca^{2+} 超负荷,心肌细胞内 Ca^{2+} 聚积,引起膜离子转运失常,导致心肌细胞功能紊乱。

(四) 砷 (As)

砷 (Arsenic),俗称砒,元素符号 As,是一种非金属元素,在化学元素周期表中位于第 4 周期、第ⅤA族,原子序数 33,单质以灰砷、黑砷和黄砷这三种同素异形体的形式存在。砷元素广泛地存在于自然界,共有数百种的砷矿物已被发现。砷与其化合物被运用在农药、除草剂、杀虫剂与许多种的合金中。其化合物三氧化二砷被称为砒霜,是一种毒性很强的物质。2017 年 10 月 27 日,世界卫生组织国际癌症研究机构公布的致癌物清单初步整理参考,砷和无机砷化合物在一类致癌物清单中。2019年 7 月 23 日,砷及砷化合物被列入有毒有害水污染物名录 (第一批)。在我国GB 2762—2022 中,肉及肉制品砷含量 ≤0.5mg/kg,乳及乳制品生乳、巴氏杀菌乳、灭菌乳、调制乳、发酵乳限量 ≤0.1mg/kg,乳粉和调制乳粉 ≤0.5mg/kg,水产动物及其制品无机砷 ≤0.5mg/kg,鱼类及其制品无机砷含量 ≤0.1mg/kg。

1. 砷毒性作用

砷毒性是由含砷药物剂量过大或长期服用所致,也可由于误食含砷的毒鼠、灭螺、杀虫药,以及被此类杀虫药刚喷洒过的瓜果和蔬菜,毒死的禽、畜肉类等。

饮品中含砷较低时 (10~30mg/g),导致生长滞缓,怀孕减少,自发流产较多,死亡率较高。骨骼矿化减低,在对羊和微型猪的研究中还观察到心肌和骨骼肌纤维萎缩,线粒体膜有变化可破裂。砷在体内的生化功能还未确定,但研究提示砷可能在某些酶反应中起作用,以砷酸盐替代磷酸盐作为酶的激活剂,以亚砷酸盐的形式与巯基反应作为酶抑制剂,从而可明显影响某些酶的活性。有人观察到,在做血液透析的患者其血砷含量减少,并可能与患者中枢神经系统紊乱、血管疾病有关。

单质砷无毒性,砷化合物均有毒性。三价砷比五价砷毒性大,约为 60 倍;按化合物性质分为无机砷和有机砷，无机砷毒性强于有机砷。人口服三氧化二砷中毒剂量为 5~50mg，致死量为 70~180mg（体重 70kg 的人，为 0.76~1.95mg/kg，个别敏感者 1mg 可中毒，20mg 可致死，但也有口服 10g 以上而获救者）。三价砷会抑制含—SH 的酵素，五价砷会在许多生化反应中与磷酸竞争，因为键结的不稳定，很快会水解而导致高能键（如 ATP）的消失。氢化砷被吸入之后会很快与红细胞结合并造成不可逆的细胞膜破坏。低浓度时氢化砷会造成溶血（有剂量-反应关系），高浓度时则会造成多器官的细胞毒性。

肠胃道症状通常是在食入砷或经由其他途径大量吸收砷之后发生。肠胃道血管的通透率增加，造成体液的流失以及低血压。肠胃道的黏膜可能会进一步发炎、坏死造成胃穿孔、出血性肠胃炎、带血腹泻。砷的暴露会观察到肝脏酵素的上升。慢性砷食入可能会造成非肝硬化引起的门脉高血压。急性且大量砷暴露出了其他毒性可能也会发现急性肾小管坏死，肾丝球坏死而发生蛋白尿。

对人体心血管系统有毒性。因自杀而食入大量砷的人会因为全身血管的破坏，造成血管扩张，大量体液渗出，进而血压过低或休克，过一段时间后可能会发现心肌病变，在心电图上可以观察到 QRS 较宽，QT interval 较长，ST 段下降，T 波变得平缓，及非典型的多发性心室频脉。至于流行病学研究显示慢性砷暴露会造成血管痉挛及周边血液供应不足，进而造成四肢的坏疽，或称为乌脚病。在智利的 Antotagasta 曾经发现饮用水中的砷含量高达 20~400μg/kg，同时也有许多人因此而有雷诺氏现象及手足发绀，解剖发现小血管及中等大小的血管已纤维化并增厚以及心肌肥大。

砷在急性中毒 24~72h 或慢性中毒时常会发生周边神经轴突的伤害，主要是末端的感觉运动神经，异常部位为类似手套或袜子的分布。中等程度的砷中毒在早期主要影响感觉神经可观察到疼痛、感觉迟钝，而严重的砷中毒则会影响运动神经，可观察到无力、瘫痪（由脚往上），然而，就算是很严重的砷中毒也少有波及颅神经，但有可能造成脑病变，有一些很慢性中毒较轻微没有临床症状，但是做神经传导速度检查有发现神经传导速度变慢。慢性砷中毒引起的神经病变需要花也许长达数年的时间来恢复，而且也很少会完全恢复。追踪长期饮用砷污染的牛奶的儿童发现其发生严重失聪、心智发育迟缓、癫痫等脑部伤害的概率比没有暴露砷的小朋友高（但失聪并没有在其他砷中毒的研究中发现）。

砷极易引起皮肤癌。在长期食用含无机砷的药物、水以及工作场所暴露砷的人的研究中常常会发现皮肤癌。通常是全身的，但是在躯干、手掌、脚掌这些比较没有接触阳光的地方有较高的发生率。而一个病人有可能会发现数种皮肤癌，发生的频率由高到低为原位性皮肤癌、上皮细胞癌、基底细胞癌以及混合型。在台湾乌脚病发生的地区有 72%发生皮肤癌的病人也同时发现皮肤过度角质化以及皮肤出现色素沉积。一些过度角质化的病灶后来变为原位性皮肤癌，而最后就侵犯到其他地方。砷引起的基底细胞癌常常是多发而且常分布在躯干，病灶为红色、鳞片状，萎缩，难和原位性皮肤癌区分。砷引起的上皮细胞癌主要在阳光不会照射到的躯干，而紫外线引起的常常在头颈部阳光常照射的地方发生，我们可以靠分布来区分砷引起的或是紫外线引起的，然而我们却很难区分是砷引起的还是其他原因引起的。流行病学研究发现砷的暴露量跟皮肤癌的发生有剂量-反应效应。而在葡萄园工作由皮肤及吸入暴露砷的工人的流行病学研究发现因为皮肤炎而死亡的比率有升高。

急性砷中毒多为大量意外的砷接触所致，主要损害胃肠道系统、呼吸系统、皮肤和神经系统。砷急性中毒的表现症状为可有恶心、呕吐、口中金属味、腹剧痛、米汤样粪便等，较重者尿量减少、头晕、腓肠肌痉挛、发绀以致休克，严重者出现中枢神经麻痹症状，四肢疼痛性痉挛、意识消失等。

2. 砷毒性作用机制

砷是一种原浆毒，能与多种含巯基酶结合，抑制体内许多参与细胞代谢的主要巯基酶的活性；砷酸盐在结构上与磷酸盐类似，可取代生化反应中的磷酸，使氧化磷酸化过程解偶联，干扰细胞的能量代谢；影响 DNA 的合成与修复；此外，砷可作用于血管舒缩中枢及直接损害毛细血管，使毛细血管扩张，血管平滑肌麻痹。

折叠砷化物进入人体后的毒性主要表现为：一是对消化道呈现直接的腐蚀作用，引起口腔、咽喉、食道、胃的糜烂、溃疡和出血，进入肠道可导致腹泻；二是砷是细胞原浆毒物，与细胞酶蛋白的巯基结合，使酶失去活性，破坏细胞的正常代谢，使中枢神经发生功能紊乱；三是麻痹血管运动中枢和直接作用于毛细血管，使胃肠黏膜及各个脏器淤血及出血，甚至全身性出血，并引起实质性脏器的损害。

砷对神经系统氧化应激的影响线粒体提供 90%以上细胞所需的能量。许多毒理学研究观察到氧化应激是由于砷与巯基抗氧化剂结合，从蛋白中释放铁，解偶联氧化磷酸化。随着活性氧（Reactive oxygen species，ROS）增加，影响相关脂类和蛋白质中关键生物分子，损害啮齿类动物行为。神经系统整体上对氧化损伤的脆弱性，是由于线粒体释放过多能量，不饱和结构脂质增加和有限的抗氧化能力造成的。

（五）锡（Sn）

锡（Stannum）英文名：tin，元素符号为 Sn。是一种金属元素，无机物，普通形态的白锡是一种有银白色光泽的低熔点金属，在化合物中是二价或四价，常温下不会被空气氧化，自然界中主要以二氧化物（如锡石）和各种硫化物（如硫锡石）的形式存在。锡是"五金"——金、银、铜、铁、锡之一。早在远古时代，人们便发现并使用锡了。

1. 锡的毒性作用

锡的毒性作用主要分为无机锡中毒和有机锡中毒。无机锡中毒指当人体摄取过量无机锡或化合物时，可出现中毒症状：恶心、腹泻、腹部痉挛、食欲不振、胸部紧憋、喉咙发干、口内有金属味等，还可有头疼、头晕、狂躁不安、记忆力减退甚至丧失等神经症状。在锡的冶炼中，工人长期吸入锡的烟尘后，逐渐出现轻度呼吸道症状，如咳嗽、胸闷、气促等，肺通气功能降低。有机锡中毒与无机锡化合物不同，有机锡化合物多数有害，属神经毒性物质，毒性与直接连在锡原子上基团的种类和数量有关。同类烃基锡中，毒性随化合物的相对分子质量的减少而增强，且带侧链多者毒性较强。部分有机锡化合物是剧烈神经毒剂，特别是三乙基锡，它们主要抑制神经系统的氧化磷酸化过程，从而损害中枢神经系统。有机锡化合物中毒会影响神经系统能量代谢和氧自由基的清除，引起严重疾病，如脑部弥漫性的不同程度的神经元退行性变化，脑血管扩张充血，脑水肿和脑软化；出现严重而广泛的脊髓病变性疾病；全身神经损害引起头痛、头晕、健忘等症状；还有严重的后遗症。有机锡中毒目前尚无特效解毒药，治疗以对症、支持疗法为主。患者卧床休息，重症者输氧，调节体液电解质平衡，积极防治脑水肿和脑损伤。锡及其化合物的毒性还可以影响人体对其他微量元素的吸收和代谢，如锡能影响人体对锌、铁、铜、硒等元素的吸收等；降低血液中钾离子等的浓度，从而导致心律失常等疾病。

锡也是人体不可缺少的微量元素之一，它对人们进行各种生理活动和维护人体的健康有着重要影响。在我国现行标准 GB 2762—2022 中，仅限于采用镀锡薄钢板容器包装的食品，食品饮料中锡限量≤150mg/kg，食品≤250mg/kg，婴幼儿配方食品、婴幼儿辅助食品≤50mg/kg。

2. 锡毒性作用机制

有机锡中毒的发病机制主要分为以下 3 种。

①三甲基锡主要引起神经元坏死。动物试验表现三甲基锡影响五羟色胺能系统，与行为改变有关；可引起神经递质水平改变及作用于多巴胺能和毒蕈碱能受体结合；抑制三磷酸腺苷酶，干扰脑钙泵功能及其他由环磷腺苷介导的过程；可抑制谷氨酸和 γ-氨基丁酸的受体结合。经试验表明三甲基锡所致海马坏死早期血浆糖皮质激素水平暂时性增高，是因下丘脑-垂体-肾上腺皮质轴暂时性激活，可部分归因于小神经胶质细胞所致的神经内分泌效应。

②三乙基锡与脑磷脂或线粒体结合，可抑制大鼠脑内氧化磷酸化过程的磷酸化环节，作用于三磷酸腺苷形成前阶段，此作用不能被含硫基的药物所阻断。由于抑制脑

内葡萄糖氧化，影响谷胱甘肽转移酶活性，抑制三磷酸腺苷酶活性，改变钾-钠泵功能，引起细胞通透性改变，致星形胶质细胞和轴突水肿。三乙基锡对脑内髓磷脂尚有直接毒作用，且局部水肿恢复较慢。某些毒作用（如引起血糖升高、血压改变等）可能与组胺释放有关。

③四乙基锡在肝内转化为三乙基锡而起毒性作用，故中毒机制与三乙基锡相似，但发病可较慢。除神经毒性外，许多有机锡化合物又为免疫抑制剂，可引起试验动物的细胞免疫、体液免疫和非特异性宿主防御缺陷，部分原因可能是抑制胸腺细胞的能量代谢，导致胸腺破坏。

（六）铬（Cr）

铬（Chromium），化学符号 Cr，原子序数为 24，在元素周期表中属ⅥB族。元素名来自希腊文，原意为"颜色"，因为铬的化合物都有颜色。单质为钢灰色金属，是自然界硬度最大的金属。铬在地壳中的含量为 0.01%，居第 17 位。呈游离态的自然铬罕见，主要存在于铬铅矿中。

铬是银白色有光泽的金属，纯铬有延展性，含杂质的铬硬而脆。密度 7.20g/cm³。可溶于强碱溶液。铬具有很高的耐腐蚀性，在空气中，即使是在炽热的状态下，氧化也很慢。不溶于水。镀在金属上可起保护作用。

铬能慢慢地溶于稀盐酸、稀硫酸，而生成蓝色溶液（$CrCl_2$）与空气接触则变成绿色，是因为被氧化成绿色的 $CrCl_3$，$Cr+2HCl=CrCl_2+H_2\uparrow$，$4CrCl_2+4HCl+O_2=4CrCl_3+2H_2O$。

铬与浓硫酸反应，则生成二氧化硫和硫酸铬（Cr^{3+}）：

$2Cr+6H_2SO_4（浓）=Cr_2（SO_4）_3+3SO_2\uparrow+6H_2O$

但铬不溶于浓硝酸，因为表面生成紧密的氧化物薄膜而呈钝态。在高温下，铬能与卤素、硫、氮、碳等直接化合。铬与稀硫酸反应：$Cr+H_2SO_4=CrSO_4+H_2\uparrow$

2017 年 10 月 27 日，WHO 国际癌症研究机构公布的致癌物清单初步整理参考，金属铬在 3 类致癌物清单中。在我国现行标准的 GB 2762—2022 中，肉及肉制品中铬限量≤1.0mg/kg，水产动物及其制品 2.0mg/kg，乳及乳制品中生乳、巴氏杀菌乳、灭菌乳、调制乳、发酵乳≤0.3mg/kg，乳粉和调制乳粉 2.0mg/kg。

1. 铬的毒性作用

皮肤直接接触铬化合物所造成的伤害：铬性皮肤溃疡（铬疮）。铬化合物并不损伤完整的皮肤，但当皮肤擦伤而接触铬化合物时即可发生伤害作用。铬性皮肤溃疡的发病率偶然性较高，主要与接触时间长短，皮肤的过敏性及个人卫生习惯有关。铬疮主要发生于手、臂及足部，但只要皮肤发生破损，不管任何部位，均可发生。指甲根部是暴露处，容易积留脏物，皮肤也最易破损，因此这些部位也易形成铬疮。形成铬疮前，皮肤最初出现红肿，具瘙痒感，不作适当治疗可侵入深部。溃疡上盖有分泌物的硬痂，四周部隆起，中央深而充满腐肉，边缘明显，呈灰红色，局部疼痛，溃疡部呈倒锥形，溃疡面较小，一般不超过 3mm，有时也可大至 12~30mm，或小至针尖般大小，若忽视治疗，进一步发展可深放至骨部，剧烈疼痛，愈合甚慢。

接触六价铬也可发生铬性皮炎及湿疹，患处皮肤瘙痒并形成水泡，皮肤过敏者接触铬污染物数天后即可发生皮炎，铬过敏期长达 3~6 月，湿疹常发生于手及前臂等暴露部分，偶尔也发生在足及踝部，甚至脸部、背部等。接触铬盐常见的呼吸道职业病是铬性鼻炎，该病早期症状为鼻黏膜充血，肿胀、鼻腔干燥、瘙痒、出血、嗅觉减退，黏液分泌增多，常打喷嚏等，继而发生鼻中隔溃疡，溃疡部位一般在鼻中隔软骨前下端 1.5cm 处，无明显疼痛感。铬性鼻炎根据溃疡及穿孔程度，可分为三期。

①糜烂性鼻炎，鼻中隔黏膜糜烂，呈灰白色斑点。

②溃疡性鼻炎，鼻中隔变薄，鼻黏膜呈凹性缺损，表面有脓性痂盖，鼻中黏膜苍白，嗅觉明显衰退。

③鼻中隔穿孔，鼻中隔软骨可见圆形成三角形孔洞穿孔处有黄色痂，鼻黏膜萎缩，鼻腔干燥。

眼皮及角膜接触铬化合物可能引起刺激及溃疡，症状为眼球结膜充血、有异物感、流泪刺痛、视力减弱，严重时可导致角膜上皮脱落。铬化合物侵蚀鼓膜及外耳引起溃疡仅偶然发生。

误食入六价铬化合物可引起口腔黏膜增厚，水肿形成黄色痂皮，反胃呕吐，有时带血，剧烈腹痛，肝大，严重时使循环衰竭，失去知觉，甚至死亡。六价铬化合物在吸入时是有致癌性的，会造成肺癌。偶尔会引起全身中毒。此种情况甚少，症状是：头痛消瘦，肠胃失调，肝功能衰竭，肾脏损伤，单接血球增多，血钙增多及血磷增多等。

2. 铬毒性作用机制

许多研究已经证实，六价铬的化合物有毒，可干扰重要的酶体系，经口、呼吸道或皮肤吸收后，具有致癌和诱发基因突变的作用。早在 20 世纪 30 年代，德国、美国和英国的流行性病学调查就显示，长期接触六价铬的化合物的工作人员患口腔炎、齿龈炎、中毒性肝炎、鼻中隔穿孔、皮肤铬溃疡、变态反应皮炎者以及肺癌较多。铬对人体的毒害作用类似于砷，其毒性随它的价态、浓度、温度和被作用者不同而变化。

在生理 pH 条件下，六价铬以 CrO_4^{2-} 形式存在，可以借助具有相同四面阴离子结构的 SO_4^{2-}、PO_4^{3-} 的细胞膜通道进入细胞内。进入细胞的 CrO_4^{2-} 一般认为不能直接与 DNA 发生反应。目前 CrO_4^{2-} 的致癌机理还不完全清楚，一种可能是在被细胞内的还原物质还原成五价铬和四价铬的过程中产生了大量的游离基（已被体外的试验证实），是大量的游离基引发肿瘤的；另一种可能是生成的三价铬迅速与 DNA 发生了反应（体外的试验观察到了还原的三价铬与 DNA 的结合）。除此之外，近来还发现肌体具有对六价铬解毒的功能。在体内和体外进行的急性中毒试验中，能够从组织中分离出低分子量的铬物质 LWMCr，据称 LWMCr 的形成与机体解毒功能有关。

三价铬是否具有致癌性和诱发基因突变的作用，一直是人们关注的热点问题。目前还没有明确的体内实验表明三价铬具有致癌性和诱发基因突变的作用。但是在体外高浓度三价铬存在的条件下，三价铬的化合物也能诱导产生游离基，与 DNA 发生作用。1995 年美国科研人员所做的体外试验发现，砒啶酸铬能够对染色体产生损伤作用。并根据补铬药物动力学模型计算出，补铬将导致三价铬的累积性中毒。这些研究立即引起了人们对长期服用有机铬是否会有致癌性及累积性中毒产生了疑虑。但这一结果仅是体外高浓度下的试验结果，一般在人体补给剂量的条件下，三价铬是无毒的，没有致癌性。目前，国外用 $CrCl_3$ 作为补铬剂的较少，使用较多的主要有富铬酵母、烟酸铬、氨基酸铬和砒啶酸铬等有机铬。研究结果显示，上述有机铝化合物在动物试验和临床试验中均未发现毒性。尽管短期内有机铬的毒性很小，甚至可能是无毒的，但是更长期的补铬毒性及药物动力学的试验研究结果，有待于进一步的观察研究。

二、重金属残留危害特点

重金属主要是通过牛奶、肉类等动物源性食品最终进入人体造成危害。首先，重金属经饲料、饮水、空气及其他接触方式被动物所摄入，其中饲料和饮水是最主要的途径。当有害重金属进入动物体内，并蓄积于机体各组织器官，在动物机体内富集，造成畜产品中的重金属残留，进而危害人类健康。其中特点主要表现为以下方面。

（一）多源性

重金属的污染可以通过一些地区土壤遭到镉、铅等重金属污染，使生长其上的农作物镉含量超标。除了源自重化工业的重金属污染源外，农业投入品滥用、外源性污染、养殖业污染也逐渐成为造成农产品重金属污染的"罪魁祸首"。

（二）隐蔽性

多数重金属废水无色透明，会被误用作灌溉水和牲畜饮用水，在辨认方面产生了很大难度。而且存在于畜禽养殖的各个环节，如饲养环境、饲料加工、屠宰加工等。

（三）毒害性

比如某些重金属可在微生物作用下转化为毒性更强的金属化合物，可引起中毒、致癌、致畸、致突变等，或通过食物进入人体的某些器官中蓄积，造成脂质过氧化，引起机体慢性中毒。

（四）富集性

重金属能通过食物链富集，最后进入人体，在机体内不同部位的含量由高到低的次序为肾脏、脾脏、肝脏、毛发等其他组织和器官。

三、重金属残留主要检测方法

（一）重金属实验室仪器检测方法

1. 原子吸收光谱法（AAS）

可测定的一些元素包括铅、镉、汞、砷、铬、铜、锌、镍等。石墨炉法检测限可以达到 μg/L，而火焰法的检测限能达到 mg/L。该方法技术手段最为成熟、应用最为广泛。

2. 原子荧光光谱法（AFS）

通过待测元素的原子蒸汽在辐射能激发下，所产生的荧光发射强度来进行测定的。检出限要低于 AAS、灵敏度却更高、基体效应更小、线性范围要宽、谱线简单而且干扰小，但是能分析的元素只有锡、汞、硒、铅和砷。

3. 紫外分光光度计法（UV）

基于被测物质对紫外-可见光辐射具有选择性吸收来进行分析测试，通常要加显色剂，根据显色程度的不与标准系列进行比较定量。操作简单、不要经过复杂的消解处理且不需要昂贵的仪器和试剂，如能找到对应元素合适的显色剂，将不失为一种成熟的重金属检测方法。

4. 高效液相色谱法（HPLC）

流动相为液体，运用高压输液系统，具有不同极性的单一溶剂、不同比例的混合溶剂和缓冲液等流动相，泵入装有固定相的色谱柱中。在色谱柱内，各种不同成分被分离开，然后进入检测器实施检测，从而实现对样品的定性定量分析。其应用范围广大，色谱柱还可重复使用，并且样本具有不容易被破坏、容易被回收等特点，决定了它受欢迎的程度。但是该方法也有其自身受局限的方面，比如它有"柱外效应"，比如只有有限的几种络合试剂可供选择等。

5. 电感耦合等离子体质谱法（ICP-MS）

通过电感耦合等离子体，检测样品被汽化、被原子化，因而能将被检测金属分离出来。然后通过结合质谱，进一步就能把待测金属元素的质量确定下来。检测结果的误差比较小，而且方法也比较先进。但它的费用方面具有较高的成本，而且还容易遭受污染，这些方面也限制了电感耦合等离子体质谱法的推广应用。

6. 电感耦合等离子体原子发射光谱法（ICP-AES）

作为载气的氩气和被检测样品首先进行雾化，之后变成气溶胶形式，进入到轴方向的等离子体贯通轨道，然后在高温和惰性气体作用下，被蒸发-原子化电离-激发，最后所含有的元素会发射出它自己特有的特征谱线。人们根据被检测样品的特征谱线的在线状态，进而就能鉴别出被检测样品中是否含有某个特定元素；根据它所发出的特征谱线的强度，就能进一步确定被检测样品中所包含的该种元素的含量。分析速度快，灵敏度高，精密度确度高，测量范围广，可顺序或同时测定多种金属元素。

（二）重金属快速检测方法

伴随着样品中重金属数量的快速增长，我们发现传统的检测技术已经没法满足日益增长的需求，因此快速检测样品中重金属的方法就顺势而生了。下面就快速检测样本中重金属含量的方法进行初步归纳。

1. 示波极谱法（单扫描极谱分析法）

该方法是依据滴汞电极上电位的线性扫描，所得到的电流-电压曲线，进一步分析。可实现对样品各部分中 Cr、Cd、Zn、Mn、Cu 和 Pb 含量的检测。

2. 阴极溶出伏安法（ASV）

在限定电位的前提下，让待测金属离子部分还原成金属，并溶入微电极或析出于电极表面，再向电极施以反方向的电压，使微电极上的金属氧化，从而产生氧化电流。然后根据反应过程中的电压-电流曲线而施行分析的方法，称为阳极溶出伏安法。该方法能够区别溶液中的具有各种含量的金属不同的化学形态，还可以同时测定多种金属元素。而且还能够区别溶液中各种痕量的金属迥异的化学形态，且可以同时测定几种金属。具有价格低廉、操作方便、易于上手等特点。

3. 酶分析法

该方法是通过重金属离子与酶发生反应所带来的变化，进而可以判断金属的类别，接着检测出重金属的百分含量。过氧化氢酶、丁肽胆碱酯酶、黄嘌呤氧化酶、脲酶等是用于痕量重金属检测的常用酶。

4. 免疫分析法

合适的化合物和重金属离子合体，产生空间结构，发生反应原性。再将这些结合了金属离子的化合物连接到载体蛋白上，使它产生特异性抗体。并通过分析抗体，来确定重金属元素的含量。该方法具有灵敏度高与高度特异性特点。其核心在于合体时能够选择合适的化合物，与金属离子进行反应。

5. 酶联免疫吸附反应法（ELISA）

ELISA 是一种免疫测定，其基础原理是抗原或抗体的固相化及抗原或抗体的酶标记。加入酶反应的底物后，底物被酶催化成为有色产物，产物的量与标本中受检物质的量直接相关，由此进行定性或定量分析。这种检测技术巧妙地将酶的催化作用和抗原抗体特异性免疫反应结合了起来。具有灵敏度高，特异性强，装置小便易携带、操作方便快捷简单、结果准确快速，还可用于大批量样本的检测等特点，不需要贵重的器材设备。因此得到了大家的广泛认可。但是在实际操作中可能会出现假阳性问题，容易出现误判，加大了检测结果的风险性。每进行一次定量检测都要做出标准曲线，这些缺陷也是不可避免的。

6. 纳米粒子比色法

基于目标物引起纳米粒子的聚焦或分散，从而导致颜色的变化。简单快速，成本低廉，可不借助任何先进仪器，通过肉眼实现对目标分析物的检测。

7. 生物传感器

让特定的生物识别物质与重金属合体，将变化过程通过信号转换器，转化成易于捕捉到的电光信号等。DNA 传感器、酶生物传感器、微生物传感器、细胞传感器等生物传感器是最常用的。

8. X 射线荧光光谱法

重金属 X 射线的吸收是随着它的成分和含量而变化的，利用这种变化规律加以分析就能检测出食品中重金属的成分和含量。迅速性、准确性，不仅可以检测常量元素，还可以对微量元素进行检测，前期处理少、方便快捷的是 X 射线荧光光谱法最大的优势。

9. 胶体金免疫层析技术

它是以胶体金作为示踪标记物应用于抗原抗体反应的一种新型免疫标记技术。具有快速、简便、费用少的特点，并且能够在第一时间测定减少有害物质损失，通过快速检测的初筛作用，大大提高检测效率等优点，因此在食品环境安全等速测方面得到大力推广应用。胶体金免疫层析技术多用在半定量检测中，特别适用于爆发式污染事件以及大批量环境样品初筛的现场检测。

10. 量子点免疫荧光检测法

该方法采用荧光侧向免疫层析原理，使用量子点作为荧光底物，量子点与抗体结合，较传统荧光底物发射荧光的亮度高、稳定性好，提高了检测的灵敏性。

第三节　重金属风险评估流程及预防措施

一、重金属残留风险评估流程

（一）数据和资料来源

调查消费者对待评估畜产品种类的食用量和频率，结合畜产品中重金属检测含量，计算人体对重金属的摄入量。畜产品食用量可参考《中国统计年鉴》中的统计数据和各地方部门发布的调查报告等数据，含量分布可采用 Crystalline Ball 等软件进行分布拟合。重金属检测含量根据该地区畜产品风险监测和风险评估项目检测数据等。

（二）建立暴露评估模型

暴露评估模型建立时应包括确定性分析、不确定性分析和敏感度分析等方面。确定性暴露评估就是估计人们一天内可能的暴露量，直接采用公式计算 $ADD = C \times IR \div BW$，其中 ADD 为暴露量，$\mu g/(kg \cdot d)$；C 为日均食用量，mg；IR 为药物残留含量，mg/kg；BW 为体重，kg。不确定性分析可采用 Monte Carlo 分析方法，其原理是利用食品消费数据、消费者的生理数据和食品中有害因子的残留浓度数据，通过风险方程式输入及使用这些输入值计算暴露风险值的范围的概率分布。敏感度分析是估计与每个暴露因子不确定性和变异性对整个风险评估的总体不确定性和变异性的贡献程度。

（三）风险特征描述

通过畜产品中重金属的日均暴露量 ADD 值和我国国家标准《食品安全国家标准 食品中污染物限量》（GB 2762—2022）及美国环保署推荐剂量 RfD 值进行计算，计算参数及公式设定可使用 CDEEM 等相关软件进行，最后得出风险可能性大小的结论。

二、重金属残留主要预防措施

（一）减少环境污染

首先要考虑如何减少环境中重金属的污染。加强环境监管，对重金属排放企业要制定和完善重金属污染突发事件应急预案，加强环境监测和应急体系建设。加强管理制度的建立和执行，建立群众的监督工作严格执行工业"三废"的排放标准，对于超排放量、含量不合格、污口位置不合理的进行严格处理。对有毒重金属生产加工单位，进行设备的升级和替换，提高原材料的利用率，减少工业排放量和加大企业排污治理工作。

（二）加强农业生产管理

禁止使用含有毒重金属元素的农药、化肥等化学物质，如含砷、含汞制剂等；严格管理农药、化肥的使用。农田施用污泥或用污水灌溉时，要严格控制污泥和污水中的重金属元素含量和施用量；禁止用重金属污染的水灌溉农作物。

（三）预防有毒重金属元素对饲料的污染

通过饲料控制技术降低动物源性食品的重金属污染是保证食品安全的有效技术措施。目前，主要是通过在饲料中添加一定量的吸附剂、营养素来降低重金属污染。天然矿物吸附剂已经广泛用于饲料和养殖生产中，能吸附重金属，减少动物食品中的污染物残留问题。在饲料中添加一定量的沸石、蒙脱石、凹凸棒石黏土等可明显降低重金属铅、镉在肌肉中的沉积。通过一系列的技术和方法，在饲料中适当补充营养物质，对重金属的残留和毒性起到作用。

第四节　典型参数风险评估

畜产品中铜的风险评估

（一）危害识别

高铜作为促生长剂在1945年由英国人Braude博士提出，从此以后高铜在商品猪养殖中逐渐得到了广泛应用。高铜是指在饲料中添加125~250mg/kg的铜，对仔猪可以产生铜离子的额外添加剂效应。就铜而言，它只是一种动物必需的微量元素，通常情况下仔猪日粮中铜为6mg/kg，而25~50kg的猪每天仅需6.01mg就能满足需要（NRC 2012）。有的饲料厂家不仅在仔猪、生长猪饲料中添加高铜，而且在育肥猪和母猪饲料中也使用高铜制剂。当铜含量高达250mg/kg时，可使猪的脂肪变软，影响胴体性状，并对食品安全、环境和不可再生的矿物质的消耗等有不良影响。因此，美国不允许在饲料中使用高铜制剂，欧盟将铜限制在160mg/kg以内，日本对于日粮中使用铜的上限分别为：仔猪（30kg以下）125mg/kg、生长猪（30~70kg）45mg/kg、育肥猪（70kg以上）10mg/kg。我国明文规定仔猪饲料中铜的添加量应小于200mg/kg，其他畜禽应小于150mg/kg。由于高铜的促生长效果的片面夸大化，养殖户对猪饲料粪便变黑的不正常商业要求，生产厂家误导性的炒作宣传，导致高铜的使用面越来越广，有无作用都盲目添加。更有厂家相互攀比铜含量高低，毫无科学依据地将其作为宣传重点。因此，尽管高铜的副作用明显，但也屡禁不止。

（二）危害描述

铜是人体必需的微量元素之一，具有维持正常的造血功能、维护中枢神经系统的完整性、促进骨骼、血管和皮肤健康以及参与机体的抗氧化过程等重要作用。铜缺乏和过量均可对健康造成不良影响。铜摄入过量则可能引起胃肠刺激、肝损伤，严重时可导致死亡。人体铜的主要来源包括食物、饮水和营养素补充剂。人食用含高铜的动物产品后，铜积累在人的肝、脑、肾等组织中，造成血红蛋白降低和黄疸等中毒症状，使动脉粥样硬化并加速细胞的老化和死亡，危害健康。

（三）暴露评估

1. 暴露途径

饲料中铜超标，造成畜禽产品中铜含量超标。铜能促进猪的采食量，让猪长得快，还有抑菌作用。20 世纪 90 年代以来，我国的猪饲料中普遍添加高剂量的铜，有些甚至远远超出安全用量。当饲料中添加铜 100~125mg/kg 时，猪肝铜上升 2~3 倍；添加到 500mg/kg 时，猪肝铜水平可达到 1 500mg/kg，远远超出了人的食品卫生标准（2~5mg/kg）。

环境污染。工业废水排放到生活环境中，造成饮用水、粮食中铜含量高易造成铜中毒。

2. 暴露水平

我国国家食品安全风险评估对 2014—2015 年国家食品安全风险监测所获得的食物中铜含量数据进行分析。2014—2015 年国家食品安全风险监测获得的大类食物中，坚果、种子类铜平均含量最高，为 1.02mg/100g，其次是干豆类及制品、畜肉类及制品，铜含量平均值分别为 0.80mg/100g、0.76mg/100g。畜肉类及其制品、禽肉类及制品中铜的平均含量，肝肾样品均显著高于肉类样品，如猪肝样品铜平均含量为 1.51mg/100g（N=1 330），猪肉中铜平均含量仅为 0.10mg/100g（N=1 835）。少部分肝脏、肾脏样品中铜含量极高：铜含量的 P95 值至最大值范围，猪肝为 5.04~23.90mg/100g，牛肝为 8.97~29.8mg/100g，羊肝为 18.69~39.3mg/100g。猪、牛、羊肉含铜量平均值近似，0.10~0.12mg/100g，最大值为一猪肉样品，含铜量为 6.75mg/100g。猪肉样品 1 835 份，99.5% 的样品铜含量低于 1mg/100g。猪内脏（肝、肾）样品 2 381 份，67.0% 的样品铜含量低于 1mg/100g，大于 8mg/100g 的样品，占 0.9%。鹅肉、鸭肉中铜含量分别为 0.32mg/100g、0.20mg/100g，高于鸡肉，0.08mg/100g。风险监测共采集皮蛋样品 1 090 份，铜平均含量为 0.51mg/100g，其中最高值为 7.64mg/100g。皮蛋专项，测定了 315 份不同工艺生产的皮蛋，浸泡法、铜锌浸泡工艺生产的皮蛋中铜平均含量显著高于包泥法。消费量较大的鲜鸡蛋、鲜鸭蛋铜平均含量均在 0.10mg/100g 以下。

（四）风险描述

依据评估的结果显示，铜污染物限量标准取消后，我国一般人群/专项调查地区人群膳食铜摄入量均处于安全水平，因膳食因素所致的铜缺乏和铜过量的风险极低，猪肉及内脏所致的人群铜中毒风险极低。谷类及其制品、干豆类及制品、蔬菜及制品是我国一般人群膳食铜的主要来源。我国人群铜营养状况整体处于适宜水平。

在调查的 4 216 份猪肉及内脏样品中，专家发现 81.1% 的样品铜含量未超过 1mg/100g，0.5% 的样品中铜含量过高，大于 8mg/100g，最大值为 44.20mg/100g；然而对于全国及两个专项调查地区的一般人群，铜营养状况整体处于适宜状态，且猪肉及内脏的贡献率未超过 5.7%，虽然专家组认为因食用猪肉及内脏所致铜中毒的风险极低，其健康风险无须过度关注，但铜可以在人体内蓄积，慢性铜中毒风险仍需要引起高度重视，在养殖环节，要加强相关管理和宣传，以防铜制剂在饲料中的过量添加。

第五章
畜产品中生物风险评估

在畜产品质量安全的风险因素中，有害生物的存在对畜产品质量安全构成了主要威胁。由有害生物引发的食源性疾病存在诸多不确定因素，且难以有效控制。因此，生物风险评价成为畜产品质量安全风险评价的核心工作，对于确定防控重点对象，防控由畜产品引发的人类传染病的发生与流行具有至关重要的意义。一般来说，畜产品的生物风险主要来源于致病菌、有害真菌、病毒和寄生虫。鉴于此，本章将主要介绍畜产品中生物风险的基本知识，以及畜产品中细菌性、真菌性、病毒性及寄生虫性风险来源及影响，以期为我国建立完善的畜产品安全保障机制提供有益的参考。

第一节　生物风险主要来源

一、养殖环节

（一）饲料

有些养殖场对喂养的饲料未做到防潮、防霉、防鼠等各项工作，未对霉变的饲料及时销毁，有些养殖户甚至用霉变的饲料喂养即将出栏的畜禽。动物摄入受霉菌毒素污染的饲料后，在肝、肾、肌肉、乳汁以及鸡蛋中均可检出霉菌毒素及其代谢产物，如黄曲霉毒素 M_1 多存在于乳汁中，具有很强的毒性和致癌性，由于乳及乳制品是婴幼儿的主食，因此乳及乳制品中的黄曲霉毒素 M_1 对婴幼儿的健康有着直接的威胁。动物源性油脂及肉骨粉的再利用为疫病发生埋下了隐患。有研究结果表明：痒病、疯牛病、二噁英等国际社会恐慌的重大动物疫情的发生都与动物源性油脂及肉骨粉有关。杜绝牛羊的副产品进入反刍动物生产链条是防止痒病及疯牛病传播的关键。由于油脂最可能遭二噁英污染，所以动物蛋白质及油脂提炼厂在生产、销售产品过程中必须动态监测二噁英含量，以确保饲用油脂和肉骨粉的安全。当年我国进行了拉网式的牛羊源性成分抽检，结果发现在反刍动物饲料中都不同程度地存在牛羊源性成分。这为痒病、疯牛病、二噁英引起的相关病症的发生埋下了发病隐患，应引起高度重视。

（二）疫病

动物疫病是影响动物性食品安全卫生的重大隐患。当动物患有疾病时，不仅会使畜产品质量降低，而且通过肉、乳、蛋及其制品将疾病传染给人，引起食物中毒、人畜共患传染病或寄生虫病发生，影响食用者的身体健康和生命安全，甚至危及国家安全和社会稳定。禽类容易感染沙门氏菌，尤其是蛋鸡，各年龄段的鸡都有可能感染这种疾病。蛋鸡沙门氏的传播主要有水平传播和垂直传播两种方式。水平传播主要指病菌在养殖场内传播，病禽排泄物通过污染垫料、饲料及饮用水等，造成养殖场内禽类大规模被传染。水平传播跟养殖场环境卫生和管理水平直接相关。垂直传播是指带菌母鸡产的蛋、孵出的雏鸡也会携带这种病菌。疯牛病、新城疫、禽流感、口蹄疫、非洲猪瘟等是近年来危害较大的疫病，对各国畜牧业的发展造成了很大的损失。再者一些养殖户为了预防疾病、增加抵抗力，或者为了治疗患病的动物，不按规定用药，任意增加用药量以及用药次数，延长治疗疗程，导致畜产品中兽药残留严重超标。对于动物疫病应妥善处理，避免带有传染性的病毒经过畜产品直接或间接传染给人类。疫病带来的威胁对于畜产品具有极强毁灭性和杀伤力，而且处理不当也会对周围的空气和水源造成持续性破坏，在畜产品的生产过程中应主动规避这一致命威胁。

（三）环境

有害微生物污染环境，特别是人畜共患病的病原体以隐性带毒的形式存在于畜产品中，对人类安全同样构成威胁。我国的畜禽养殖企业很多，有些养殖户在饲养环境的维护上不加注意，畜禽的排泄物、病死畜禽的尸体随意堆放，任其日晒雨淋，造成周围环境的严重污染，为疫病传播带来了可能。有的养殖者为了减少投资，在有限的舍棚内饲养过量的畜禽，并且分群不合理，减少了畜禽之间的生存或活动空间，致使环境中的微生物、有害气体和刺激性尘埃的浓度过高，导致畜禽发生呼吸道疾病和传染病。这些环境因素都可能导致畜禽在养殖过程中出现安全质量问题。根据《中华人民共和国动物防疫法》第十六条规定："对染疫动物及其排泄物、染疫动物的产品、病死或者死因不明的动物尸体，必须按照国务院畜牧兽医行政管理部门的有关规定处理，不得随意处置。"粪污处理应严格执行《畜禽养殖业污染物排放标准》（GB 18596）以及国家有关的法律、法规和标准执行。

粪便污水直接排放，造成畜禽生产环境、土壤和水质等污染，直接引发畜禽生产基础环节质量问题。高度集约化、规模化养殖场大量的有机肥不能有效处理和利用，已成为一大环境污染源。据调查，有95%以上的规模养殖场没有经过处理或仅经简单处理直接排放粪便污水，污染空气，使水质恶化、鱼类等水生物死亡，土壤不能种植，恶化了生活环境。某些养殖者为了减少投资，在有限的舍棚内饲养过量的畜禽，并且分群不合理，减少了畜禽之间的生存或活动空间，致使环境中的微生物、有害气体和刺激性尘埃的浓度过高，导致畜禽发生呼吸道疾病和传染病。

畜产品在保存、运输环节的风险因素主要体现在包括：为了保证畜产品的新鲜、不变质，畜产品在保存、运输中可能添加违禁物质，如非法的保鲜剂、防腐剂；过量使用保鲜剂、防腐剂；包装材料不符合国家强制要求造成的包装储运材料的污染；存储时间过长和温度不当造成畜产品变性等，如冷链运输故障导致乳品变质等；较长时间的储运过程可能导致畜产品自身产生生物毒素风险，都可能使畜产品严重污染，造成细菌滋生。

二、加工环节

畜产品质量安全问题不仅在畜禽饲养过程中表现十分突出，而且在加工、运输、销售过程中由于动物防疫条件和卫生条件不达标，操作不规范导致的二次污染也非常严重。主要表现在：加工场地条件不能达标。屠宰环境极差，也会使畜产品造成污染。有些企业为了牟取暴利，还会利用一些病死畜禽的尸体违规添加碱粉、芒硝、香精、防腐剂等非法添加剂，使得变质腐烂的畜禽产品加工成食品，给人类健康造成极大的损害。许多畜产品在储运过程中由于温度、环境、储运时间等原因导致变质，也会使这些畜产品存在安全隐患。另外，在销售过程中，由于一些地方政府的监管不力，随意更改食品的保质期、新鲜食品与过期食品混放的现象也经常存在，这些环节都会使畜产品出现严重的安全问题。

一是目前我国很大一部分地区的屠宰场由于规模小，受场地设施设备的限制，屠宰、贮藏等条件欠佳，加工后的废弃物、污水、粪便等不能及时处理造成二次污染。二是运输条件不合格。在运输过程中没有采用专门的冷藏运输工具，如敞开式运输不仅污染了环境，同时可能受到外界不洁环境的污染，也可能因气温条件影响发生肉品腐败变质。三是畜产品从业人员素质和守法意识较差，掺杂使假现象突出，如假奶粉、注水肉、加工病害畜禽、公母猪肉冒充商品猪肉等在各地屡禁不止。

加工过程的各个环节都可能造成动物性食品的微生物污染

目前生猪在某些地区（地域）实行定点屠宰外，其他动物和部分生猪屠宰还处于放任自流状况，由于其动物屠宰设施简陋，屠宰卫生差，因此导致肉品极易受到各种微生物污染。如畜禽屠宰过程中，有的因冲洗不彻底造成致病细菌生长；有的因刀具没有严格消毒，造成对畜产品污染。还有部分加工经营者为了追求产品感官漂亮以增加产品售价，非法使用过量碱粉、漂白粉、色素、香精等。此外，畜产品掺杂使假现象时有发生，如注水增重，利用病死畜禽加工熟食品销售、畜产品中违禁用品增加保险时间，都严重影响了畜产品的质量安全。

畜禽屠宰过程中，由于屠宰畜经长途运输或过度疲劳，细菌容易经消化道进入血液。未经休息而立即宰杀时，其肌肉和实质性器官有细菌侵入；在剥皮时，有可能受外界污染，造成胴体表面的微生物污染；去内脏时，内脏破裂带来交叉污染；冲洗过程中，冲洗不彻底造成致病菌生长；在冷却阶段，温度不当也会造成致病菌生长；包装阶段，会受到包装材料中有害化学物的污染。再如原料乳的生产中，病畜乳不仅会带来微生物污染，也会带来外来杂质（如乳房炎乳会夹有抗体细胞），同时挤乳的方法、卫生条件、人为掺伪都会造成物理性污染。

此外，畜产品加工中，添加剂的使用对畜产品也造成污染。一部分化学合成的添加剂具有一定的毒性和致癌性，危害人体健康。例如防腐剂硼酸可引起恶心、呕吐、腹疼、血压下降等；奶油黄有强致癌性；漂白剂甲醛次硫酸钠可产生甲醛、亚硫酸等有毒物质。

三、流通环节

畜产品流通领域包括运输、贮存等环节。畜产品，特别是自然、人工养殖形成畜产品、畜产品等鲜活畜产品，具有品种复杂，易腐败变质、保鲜难的自然属性，同时生产规模小而散，生产主要分布在城郊及农村，而消费市场集中在城市，流通渠道多，流通规模小，流通路线有长有短；参与流通组织的人员复杂；流通市场有批发市场、零售市场、代销点等。畜产品的自然属性及特点决定了流通环节有可能出现二次污染。

畜产品从生产加工到消费者手中，必然要使用各种运输工具运输。在运输过程中，常常由于违反操作要求而造成微生物、化学物质污染，如运输车辆不清洁，在使用前未经彻底清洗和消毒而连续使用，严重污染新鲜食品。一些致病微生物在适宜的条件下大量生长和繁殖并同时产生毒素，当人们食用含有大量活菌或毒素的食品，便引起细菌性的消化道感染或毒素被吸收人体内而造成急性中毒，造成畜产品的生物性污染，其中细菌、真菌、病毒是主要的污染原。

第二节　生物风险因子特性

生物风险是指因畜产品中有害生物的存在导致畜产品质量安全风险，并因此对消费者产生潜在的健康危害。2021年4月15日正式施行的《中华人民共和国生物安全法》聚焦国家生物安全整体领域，部署建立国家风险防控体制，增强我国主动应对生物安全风险的能力。目前已知的人畜共患传染病已达250多种,我国已发现150多种,如血吸虫病、布鲁氏菌病、牛结核病、炭疽病等。如果患病动物尸体处理不当或者被一些不法商贩拿到市场销售,人们一旦误食或不正确食用了染病动物的产品,可能危害健康,甚至引起发病。随着国际贸易交流的发展,动物传染病如今在地理学上比历史任何时候传播的速度都要快,据统计全球已知道的300多种动物传染病和寄生虫病,其中有100多种为人畜共患病,过去人类流行的传染病病原68%来自动物。而现在上升到72%,动物疫病的变化和动物保健品的广泛应用使危害畜产品质量安全的因素不断增加。如果处理不当,很多动物疫病可以从畜禽产品直接传染给人,即人畜共患病,如沙门氏菌、布鲁氏菌病、结核病、禽流感、猪囊虫病,猪流感、血吸虫病等多种人畜共患病。由于这些有害生物的广泛性,生物风险具有动态性、不确定性、特定性等特点。根据畜产品中有害生物的类别,一般将生物风险分为细菌性风险、真菌性风险、病毒性风险和寄生虫性风险。

一、有害生物因子类别

(一)细菌性风险因子

细菌是自然界常见的一类原核生物,具有"体积小,面积大;吸收多,转化快;生长旺,繁殖快;适应性强,易变异;分布广,种类多"等特性。近年来,畜产品供应丰富以及人们生活水平的提高,致病菌通过畜产品引发食源性疾病的风险也与日俱增。因此,国家对畜产品中食源性致病菌的监测力度日益加大。目前,我国各级疾病防控部门在畜产品中重点监测的食源性致病菌主要包括:大肠杆菌、沙门氏菌、金黄色葡萄球菌、单核细胞增生李斯特氏菌、致泻大肠埃希氏菌、弯曲杆菌、产气荚膜梭菌、肠球菌、副猪嗜血杆菌等。《食品安全国家标准 食品中致病菌限量》(GB 29921—2021)对熟肉制品和即食生肉制品规定了沙门氏菌、金黄色葡萄球菌、单核细胞增生李斯特氏菌、致泻大肠埃希氏菌限量。

畜产品食源性致病菌的检测技术目前有:显色培养基技术、PCR技术、环介导等温扩增(LAMP)技术、基因芯片技术、免疫磁珠分离技术等。显色培养基是一类利用致病菌自身代谢产生的酶与相应显色底物反应显色的原理来检测致病菌的新型培养基。这些显色底物是由产色基团和致病菌部分可代谢物质组成,在特异性酶的作用下,游离出产色基团显示一定颜色,直接观察菌落颜色即可对菌种作出鉴定。显色培养基以选择性强、准确率高而被广泛应用。PCR技术具有灵敏、快速准确、特异性强、应用范围广等优点,在畜产品致病菌的检测中得到了广泛推广。环介导等温扩增(LAMP)技术是一种新型的体外核酸扩增技术,在等温条件下,利用一种具有自动链置换活性的 Bst DNA 聚合酶和一组特异性引物，对靶 DNA 序列进行快速扩增，具有简便、快速、扩增效率和特异性高等特点。基因芯片是 20 世纪 90 年代中期从传统的基于膜杂交检测 DNA 的 Southern Blot 和检测 RNA 的 Northern Blot 技术进一步发展而来的，融微电子学、生物学、物理学、化学、计算机科学为一体，在大量节省人力、时间、费用的同时，能够同时将大量的探针分子固定到固相支持物上，借助核酸分子杂交配对的特性对 DNA 样品的序列信息进行高效的解读和分析。基因芯片技术作为一种快速、高通量、高效率的检测工具在畜产品食源菌种的检测中得到了应用。建立的基因芯片系统可以准确而稳定地实现对单核细胞增生李斯特菌、金黄色葡萄球菌、鼠伤寒沙门菌等常见致病菌的通用检测。免疫磁珠分离技术最早出现于 20 世纪 70 年代，基本原理是将磁性材料合成的均一超顺磁微球与经过亲和层析的抗体结合，从复合悬浊液中捕捉和分离目标，其检出限理论上可以达到每克 1~10 个细菌，被认为是检测多种微生物敏感而简单的方法。

细菌性风险的控制技术目前有：超高压杀菌技术、臭氧杀菌技术、辐照杀菌技术、电解水杀菌技术、高密度二氧化碳杀菌技术、生物杀菌技术。超高压杀菌技术是将畜产品置于压力系统中，以水或其他液体作为传压介质，采用 100MPa 以上的压力处理，对细菌细胞形态结构造成明显的损伤，破坏细菌细胞膜蛋白的高级结构、ATP 酶活性和细菌细胞膜的通透性，引起无机盐等内含物的流失，以达到杀菌的目的。臭氧杀菌技术利用臭氧的强氧化性和抑菌杀菌能力，通过破坏细菌细胞的结构和内源酶以达到杀菌的目的。辐照杀菌技术利用一定剂量波长极短的电离射线（如 X 线、γ 射线、电子射线）对畜产品进行照射杀菌。电解水杀菌技术是将稀食盐溶液在电场作用下，经电解作用生成的氧化还原电位水，因其具有瞬时、高效、安全、无残留的杀菌特点，故作为一种实用易操作的消毒方法。高密度二氧化碳杀菌技术是一种在压力小于 50MPa 的条件下，利用高密度二氧化碳的分子效应达到杀菌作用的新型的非热杀菌技术。生物杀菌技术主要利用生物保鲜剂的抗菌作用来对畜产品进行杀菌处理的一种非热杀菌技术。

（二）真菌性风险因子

真菌毒素是一类由真菌产生的次级代谢产物，又称为"霉菌毒素"，目前已知的真菌毒素有 300 多种。真菌毒素不但能导致农产品霉败、产品品质降低及营养物质损失，而且能通过抑制生物体内 DNA、RNA、蛋白质和各种酶类的合成及破坏细胞结构而引起真菌毒素中毒。真菌毒素广泛污染农作物、饲料及食品等植物源产品，且耐高温，其对农作物的污染几乎是不可避免。我国农产品和饲料中常见的、危害性较大的真菌毒素主要有黄曲霉毒素、单端孢霉烯族毒素、镰刀菌烯醇、赭曲霉毒素等。其中黄曲霉毒素是真菌毒素中毒性最大、危害最严重的一类真菌毒素。对动物具有致畸性、致癌性和致死毒性，并且对免疫和生殖系统均具有损伤，其中黄曲霉毒素 B$_1$ 毒性最强，是氰化钾的 10 倍，对畜产品的安全风险隐患也最高。T-2 毒素是常见的污染田间作物和库存谷物的主要毒素，对人、畜危害较大。近年来，饲料受到 T-2 毒素的污染限制了畜产品饲料行业的发展，且 T-2 毒素可通过食物链传递危害人类健康。赭曲霉毒是由青霉属和黄曲霉属的霉菌产生的一类次级代谢产物，包括 7 种结构类似的化合物，其中赭曲霉毒素 A（OTA）最常见的，毒性最强，耐热性也强，OTA 可污染玉米、谷物和油菜籽，广泛分布于饲料及饲料原料中，当人畜摄入被 OTA 污染的食品或饲料后，就会发生急性、慢性中毒，动物进食被 OTA 污染的饲料后毒素在体内蓄积，由于其在动物体内的稳定性，不易被代谢解，动物性食品，尤其是肝脏、肌肉、血液中常有 OTA 检出。我国先后制定了黄曲霉毒素、赭曲霉毒素、玉米赤霉烯酮、呕吐毒素、T-2 毒素 5 种真菌毒素的检测方法和限量标准；制定了饲料中各真菌毒素的限量标准：黄曲霉毒素 B$_1$、T-2 毒素、赭曲霉毒素 A 和呕吐毒素的最低检出限分别为 10μg/kg、100μg/kg、1 000μg/kg 和 100μg/kg。

畜产品真菌性检测技术：主要采用痕量检测技术方法包括生物测定法和物理化学测定法。生物测定法有皮肤毒性试验、致呕吐试验、培养细胞毒性试验、动物细胞毒性试验、植物细胞生长抑制试验、放射免疫测定和酶联免疫吸附测定等。生物测定法较简单，但耗时长，且无法准确定量，现在已很少使用。物理化学测定法主要有薄层色谱法、气相色谱法、液相色谱法、气相或液相与质谱联用法。其中薄层色谱法因为不能准确定量而使用受限；气相色谱法和液相色谱法往往需要对毒素进行衍生，步骤烦琐；相比之下，高效液相与质谱联用技术（LC-MS，LC-MS/MS）是近年来使用较广泛的检测技术，由于较其他方法具有更高的灵敏度和更低的检出限，且操作简单，成为评价水产品中真菌毒素风险的最有效手段。

畜产品真菌性风险控制技术：畜产品所用饲料的防霉脱毒是控制畜产品中真菌性风险的根本措施。主要措施有：物理吸附脱毒控制技术、防霉剂控制技术、营养强化控制技术、微生物分解控制技术、紫外线辐射及其他控制技术等。物理吸附脱毒控制技术是利用某些矿物质能够吸附或阻留真菌毒素分子，可将毒素从动物的吸收和消化过程中分离出来，活性炭、酵母细胞壁产物、沸石和陶土（如钠基膨润土和海泡石）都不同程度地具有这种能力，当然这种能力取决于本身和对象的纯度和特性；防霉剂控制技术采用丙酸及其盐类、山梨酸及其盐类、苯甲酸等，防霉剂在饲料中须分布均匀，抑制剂的载体颗粒必须足够小；营养强化控制技术根据动物体内的肝脏具有解毒功能，可对真菌毒素进行解毒，如肝脏可利用基于谷胱甘肽的生物氧化还原反应对黄曲霉毒素进行解毒；微生物分解控制技术是利用某些微生物，如阴沟肠杆菌（*Enterobacter cloacae*）、弯曲假单胞菌（*Pseudomonas geniculata*）和尼泊尔葡萄球菌（*Staphylococcus nepalensis*）具有降解 T-2 毒素的能力，对 T-2 毒素的降解率最高可达90%以上；紫外线辐射及其他控制技术利用紫外线可有效破坏某些真菌毒素等。此外，应用加热、加压技术，可以在潮湿条件下破坏大多数真菌毒素，不同真菌毒素热敏感性不同，导致所需的加热时间长短和温度高低各不相同。

（三）病毒性风险因子

病毒是一类由核酸和蛋白质等少数几种成分组成的超显微非细胞生物，是能以感染态和非感染态两种形式存在的病原体，既可以通过感染宿主并借助其代谢系统大量复制自己，又可以在离体条件下以生物大分子状态长期保持其感染活性。一般来说，病毒具有以下特性：形态极其微小，能通过细菌滤器；没有细胞构造，其主要成分仅为核酸和蛋白质；每一种病毒只含有一种核酸，既无产能酶系，也无蛋白质和核酸合成酶系，只能利用宿主活细胞合成自身的核酸和蛋白质组分；以核酸和蛋白质等元件装配实现自身大量繁殖，在离体条件下以无生命的生物大分子状态存在，并可长期保持其感染活力；对一般抗生素不敏感，对干扰素敏感；有些病毒的核酸还能整合到宿主的基因组中，诱发潜伏性感染。畜产品中常见的食源性病毒主要有诺瓦克样病毒、冠状病毒、轮状病毒、禽流感病毒、口蹄疫病毒、甲型及戊型肝炎病毒等，这些病毒不仅是食品卫生领域中危险的微生物有害因子，也是对人类公共卫生和营养健康水平的重大威胁。因此，加强畜产品中病毒性风险的评价对解除公众对畜产品行业安全监管体系的信任危机具有重要的意义。

畜产品中食源性病毒的检测技术有荧光定量 RT-PCR 技术和基因芯片技术。目前荧光定量 RT-PCR 是畜产品中食源性病毒检测的主要手段，新型的多重实时荧光 RT-PCR 也将实现快速、准确地检测畜产品中的病毒。随着高度信息化、快捷化的现代社会的到来，基因芯片技术顺应时代发展而出现，将大量探针分子固定于支持物上后与标记的样品分子进行杂交，通过检测每个探针分子的杂交信号强度进而获得样品分子的数量和序列信息，再通过激光共聚焦显微扫描技术对杂交信号进行实时、灵敏、准确、高效的检测。

畜产品病毒性风险控制技术主要有超高压处理技术、γ 射线辐照处理技术等。利用超高压技术可以有效地在一定时间内使畜产品中的病毒失活，保障畜产品质量安全。γ 射线辐照因具有穿透力强、辐照后无残留毒性、方法简便、节能等优点得到了应用。

(四) 寄生虫性风险因子

寄生虫是一类具有致病性的低等真核生物，可作为病原体，也可作为媒介传播疾病，其特点是种类多、分布广、感染高、危害大。目前，畜产品中寄生虫性风险呈现日趋严重的趋势。寄生虫性病原有 60 余种，主要为旋毛虫、华支睾吸虫、蛔虫等，这些食源性寄生虫对人类的健康极具危害性，能够寄生在人体各个器官内，对人体器官造成严重危害。

畜产品中食源性寄生虫的检测技术主要有借助于显微镜进行寄生虫形态学观察，根据其形态特征做种属鉴定。这些传统检测方法主要包括直接压片镜检法、灯检法、直接沉渣镜检法、蛋白酶消化法等。PCR 检测技术在生物鉴定中被广泛使用，且不需要镜检和专家鉴定，具有高度敏感性和特异性等特点。实时荧光定量 PCR 利用荧光信号累积实时监测整个 PCR 进程，最后通过标准曲线对未知模板进行定量分析。经化学试剂特殊处理的棉纤维卡片 (FTA) 技术是利用 FTA 卡收集样品并提取、纯化核酸，进行后续的 PCR 扩增分析。检测快速且 FTA 卡携带方便，在室温下可以长期保存，操作简单、方便，实用性强，非常适合在野外或是试验条件较差的现场使用。环介导等温扩增 (LAMP) 技术是通过能识别靶序列上 6 个位点的 4 个特殊设计的引物和一种具有链置换活性的 DNA 聚合酶，在恒温条件下快速地扩增核酸，扩增效率为 1h 内达到 $10^9 \sim 10^{10}$ 个数量级。

畜产品寄生虫性风险控制技术有臭氧杀虫技术、超声波杀虫技术和食品添加剂杀虫技术等。臭氧是一种广谱、高效、快速的杀虫物质，且具有无毒、无害、无残留的特点，较早就有使用臭氧作为食品添加剂用于产品的防腐保鲜的做法。超声波技术作为一种高新加工技术，因其具有重复性好、时间短、效率高等特点被用作畜产品中食源性寄生虫的控制。食品添加剂杀虫技术多利用食醋、白酒、青芥末和大蒜汁等食品添加剂的杀虫作用来对畜产品进行杀虫处理的一种非热杀菌技术。

二、生物安全风险特点

(一) 不确定性

生物安全风险具有显著的不确定性。在生物技术应用过程中，存在诸多不确定因素，包括生物体的复杂性、生态环境的多样性以及人类行为的不确定性等。这些不确定性可能导致生物安全风险的产生与扩散，使风险评估与控制更加复杂和困难。

(二) 不可逆性

生物安全风险的另一个特征是它的不可逆性。生物技术应用过程中产生的安全风险可能对人类、动植物和生态系统造成长期甚至是永久的潜在威胁。因此，对生物安全风险的评估和管控必须十分慎重，不能掉以轻心。

（三）潜在性

生物安全风险具有潜在性。在生物技术应用过程中可能会产生各类风险，这些风险可能源于操作失误、技术限制或人为破坏等原因。因此，必须对生物技术应用过程中的相关风险进行充分的评估和有效管控。

（四）全球性

生物安全风险具有全球性。由于生物技术的广泛应用以及生物体的流动性，生物安全风险可能在全球范围内传播，对全球生态系统与人类健康构成潜在威胁。因此，各国需要增强协作，共同制定生物安全标准与措施，共同应对生物安全风险。

（五）多样性

生物安全风险的多样性表现为不同的生物技术应用过程中可能会产生不同类型的风险。例如转基因作物可能会对环境和人类健康构成潜在威胁，对生态系统的影响可能因地域和气候等因素而有所不同。因此，在进行生物安全评估与管控时，需要针对不同类型的风险进行具体分析和有效应对。

第三节　生物因子风险评估流程与预防措施

中国动物卫生与流行病学中心〔农业农村部畜禽产品质量安全风险评估实验室（青岛）〕与中国动物卫生与流行病学中心依托"十三五"国家重点研发专项"重要人畜共患食源性病原微生物在动物养殖和屠宰过程中风险监测和防控技术研究"项目，开发构建了国内首个"国家畜禽养殖和屠宰过程中人畜共患食源性病原微生物风险评估预警系统"（PRAWS），并于 2021 年 9 月 11 日顺利通过项目主管部门组织的国家重点研发计划课题绩效评价专家组验收。目前可通过 https：//praws.cahec.cn 网址登录使用。该系统是针对畜禽养殖、屠宰生产、蛋奶收储、产品储存和流通销售等环节，以肉蛋奶中常见致病微生物的监测数据为基础，通过微生物风险评估模型和数学运算以及预警阈值和预警方法研究，并结合计算机软件开发技术构建而成。PRAWS 系统是一款涵盖基础数据库、风险评估模型和风险预警决策三大模块，面向企业、监管和技术机构三类代表性用户使用的在线软件平台。PRAWS 系统的建成和应用可为畜禽源性病原微生物监测数据存储和实时定性定量分析、风险评估和风险预警研判，以及风险干预决策制定等提供一站式便携服务，有力支撑畜禽产品质量安全的有效监管和风险防控能力提升。

一、数据来源

监测数据采集

1. 监测地区

包括全国所有省级行政区不同市、县辖区内的畜禽养殖场、屠宰场和畜禽产品销售场所。

2. 监测环节

涉及农场到餐桌全过程，覆盖畜禽养殖、屠宰加工、流通储存以及销售消费全链条4个环节。

3. 监测对象

包括猪、禽（鸡、鸭、鹌鹑等）、牛（肉牛、奶牛等）、羊等主流食品生产畜禽及其产品，如鸡蛋、牛奶等。

4. 监测参数

包括常见的重要人兽共患食源性致病微生物，如沙门氏菌、致病性大肠埃希氏菌、弯曲杆菌、金黄色葡萄球菌、产气荚膜梭菌等的污染率和污染量数据，以及卫生指标菌——大肠埃希氏菌和菌落总数的定量数据。

5. 监测其他数据资料

除了畜禽及其产品中微生物污染数据，还需要对畜禽及其产品生产规模、生产环境（如温湿度）、生产存贮方式（如是否冷链）、产品接触环境中微生物污染状况等数据和资料进行采集。

6. 当前数据资料来源

采用2019年以来实验室通过文献或现场调研收集的，或者本实验室历年来实际监测的畜禽产品中常见致病微生物污染数据，作为微生物污染统计分析或风险评估和预警演示的基础数据。

二、评估预警方法

（一）整体技术路线

畜禽养殖和屠宰环节主要食源性致病微生物风险评估预警系统设计构建的整体技术路线见图1。

（二）风险评估方法

1. 畜禽产品中微生物暴露评估模型构建

（1）生产后畜禽产品中微生物暴露评估

选择某地区或者具体到某生产场所，将特定时间系统中录入的某种畜禽产品中某

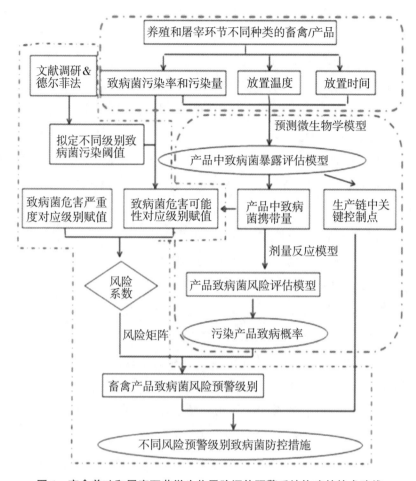

图1 畜禽养殖和屠宰环节微生物风险评估预警系统构建的技术路线

种微生物的污染率（p，Pert 分布函数拟合）与单位质量或面积的污染量（M，poisson 分布函数拟合）相乘，同时乘以这种畜禽产品这段时间的产量（n）获得该批畜禽产品中微生物的污染量。如果考虑畜禽产品生产后存放的温度（T）和持续的时间（t），则加入预测微生物生长动力学模型中预测增长的微生物量。系统中嵌入了从 Combase 数据库和 cb-premim 数据库中查询获得的 20 种畜禽产品中常见致病微生物组合的一级预测生长动力学模型，并根据相关参数整理获得了二级模型，可以直接对不同温度和时间下产品中微生物的生长进行预测。多数情况下，畜禽产品中某些致病微生物含量很少，因此难以直接获得污染量数据。此时，可采用公式将定性数据转化为定量数据，进行模型构建。转换公式：$M = -(2.303/V) \times lg (Nneg/Ntotal)$。其中 V 为样品的稀释倍数，Nneg 为阴性样品数，Ntotal 为样品总数。

（2）生产过程畜禽产品微生物污染风险关键点评估

将畜禽产品生产过程的不同环节分解，以生猪屠宰为例，按屠宰工艺流程可分解为烫褪毛、净膛、去头蹄修整、冲淋预冷 4 个环节。以烫褪毛后胴体直接暴露于空气中为评估起点，取后续各环节猪胴体或相关风险贡献因素（如设备、器具或工人接触部位等）的微生物监测数据和信息资料，经过数据拟合和数学逻辑运算，构建关键控制点评估模型。通过模拟抽样获得终端产品中微生物污染量分布，同时通过相关系数对不同环节各参数进行敏感性分析，获得微生物污染的关键控制点。

2. 产品安全性评估模型

通过上述可以获得某批次畜禽产品中微生物总的污染量，结合致病微生物的剂量-反应关系，以及烹饪过程中不完全加热的可能占比，构建产品中致病微生物的风险评估模型。通过随机抽样模拟，计算获得本批次畜禽产品中某致病微生物的致病概率分布，从而评估产品的安全性。该系统嵌入了沙门氏菌、致病性大肠埃希氏菌和产气荚膜梭菌等 6 种致病微生物的剂量-反应关系模型。

（三）风险预警方法

1. 微生物危害可能性定性和定量预警阈值的初步设定

通过对畜禽产品中致病微生物的污染率/量以及相应的风险进行广泛的国内外文献调研，拟定了 5 种主要畜禽产品（猪肉、鸡肉、鸡蛋、牛奶、牛羊肉等）中 7 种致病微生物（沙门氏菌、致病性大肠埃希氏菌、弯曲杆菌、金黄色葡萄球菌、单核细胞增生李斯特菌、产气荚膜梭菌和小肠结肠炎耶尔森菌）的污染率和污染量不同级别数值，然后通过征求 16 位相关领域权威专家意见，采用德尔菲法（Delphi Method），初步设定了 188 个畜禽产品-致病微生物组合不同级别（共 5 级）危害可能性的定性和定量数据作为预警阈值。

2. 风险预警级别和相应决策措施的确定

根据风险监测和暴露评估的数据获得某地区（场所）某时间内某种畜禽产品中某种致病微生物可能性分值，与国际食品微生物标准委员会（ICMSF）中规定的此致病微生物危害严重度分值相乘，获得风险系数。将风险系数代入风险矩阵，可以得出当前的风险级别。根据风险等级设定预警。预警也分为 5 个级别，分别是"极低（可忽略）风险"（用绿色表示）、"低风险"（用蓝色表示）、"中风险"（用黄色表示）、"高风险"（用橙色表示）、"极高风险"（用红色表示）。根据前期评估的畜禽产品中微生物不同的预警级别，系统还列出了不同环节精准控制微生物风险的技术手段和措施等。

（四）BP 神经网络算法

整个风险评估预警系统的构建采用 BP 网络算法，即畜禽产品中微生物污染监测数据或资料性数据是在输入层直接输入或者从数据库中调取输入。然后数据进入隐含层，按照风险评估预警原理流程并结合嵌入系统的模型资料，如预测微生物学模型和计量-反应关系模型等，进行逐级数学运算和训练，最后在输出层显示风险级别或是预警决策。

综上所述，动物产品当中人畜共患常见致病菌包含着沙门氏菌、大肠埃希氏菌、空肠弯曲杆菌等，但不局限于此，为更好地对动物产品当中人畜共患致病菌污染实施风险评估，就需从暴露人群、暴露途径层面予以实施暴露评估分析，并积极落实相应的风控措施，尽可能地对动物产品当中人畜共患致病菌污染实施高效化风控，避免此方面污染风险发生及扩大化发展，更好地维护动物产品的食用安全。

三、预防措施

（一）增强养殖户安全生产意识

人畜共患致病菌的污染多源自患病动物、人及带菌者，通过乳汁、尿液、粪便、羊水、胎衣所排出病菌的污染源、饲料、土壤等。在养殖过程层面。部分养殖场处于较差卫生条件当中，缺乏妥当的饲养管理，如饲养已受人畜共患致病菌所污染水源或者饲料，致病菌会传给其余健康的畜禽，直接或者间接性致使动物产品受其污染。

加大畜牧业执法力度，打击违法行为。一是要加大《中华人民共和国动物防疫法》《生猪屠宰管理条例》《兽药管理条例》《饲料及饲料添加剂管理条例》等法律法规的宣传力度，提高养殖户的法律意识；二是要打击私屠乱宰行为，整顿定点屠宰经营秩序；三是要强化流通领域监管措施，堵截外来疫病传入；四是要强化源头管理，严厉打击经营病畜、劣畜产品的违法行为，杜绝畜产品质量问题。

加大宣传力度、树立科学养殖观念。政府应加大经费投入，把学校办到养殖户的家门口去，让广大农民及养殖户真正学会如何绿色养殖，普及畜产品安全讲座，养殖户树立科学的饲养管理意识，让畜产品安全意识真正能深入人心。增强对于安全生产的意识，才能真正在实践中落实安全生产。很多养殖户都将安全视为一种常态，进而忽略对安全生产环节的重视，对此相关部门应强化对养殖户的教育，定期开展培训和讲解，指导养殖户科学养殖，并根据饲养过程建立严格的标准化流程，督促养殖人员按照流程饲养，提高生产过程中的安全性。

（二）科学使用饲料添加剂

畜产品安全生产从饲料抓起，饲料的安全直接影响到畜产品的安全。作为人类食物蛋白质重要来源的畜产品，其安全性一直受到特别关注。饲料是生产畜产品的原料，饲料要求在改善营养性、适口性和生物性的同时，更重要的是解决兽药饲料的安全性；饲料安全问题一方面影响畜产品品质，即人类食品的安全性，另一方面畜禽采食有安全性问题的饲料后会对周围环境产生不利影响，进一步阻碍畜牧业的可持续发展，最终将影响人类生存的安全。饲料生产企业严格按照《饲料和饲料添加剂管理条例》做好饲料安全生产工作，禁用发霉、有毒、污染的饲料原料，充分应用饲料加工技术和饲料互补作用，减少降低饲料毒性。

从欧洲的"疯牛病"到"二噁英"事件的发生，给消费者造成极大的惶恐与不安，足以说明畜产品安全生产已涉及每一个消费者的切身利益与身心健康。在市场经济的激烈竞争下，许多不法生产者为追求"高效益"、创所谓的"名牌"，置兽药饲料安全生产于不顾，非法使用违禁药物，有的用药在屠宰不按要求停药期，乱用药不按规定正确使用饲料药物添加剂，过量添加微量元素，使用被化学物质、微生物污染的饲料等使畜产品的安全生产得不到保证，产生严重的食物链后患和不良的社会影响。

（三）强化畜产品安全生产检测

政府要将畜产品质量安全监管工作纳入本级国民经济和社会发展规划。建立稳定的财政投入保障机制，确保畜产品质量安全监管资金需求，对监督执法及监测机构实行全额预算管理，保证人员经费和工作经费。监督执法机构的设施、设备和监测机构设备购置、更新及监测费用要纳入财政预算，及时拨付。增加对畜禽良种繁育体系、畜牧小区、无公害畜产品生产和畜牧业标准化示范基地建设及动物防疫工作的资金支持，为保障畜产品质量安全创造条件。

建立健全畜产品市场准入制度，加强与各部门的协调和配合，结合畜产品产地认定和产品标识认证管理，积极推进畜产品质量安全市场准入制度。鼓励和支持生产基地和批发市场建立自律性检测制度。鼓励批发市场、农贸市场和超市与生产基地建立产销合作机制，推行连锁经营和直销配送，积极开展对畜产品生产、加工、运销等各环节的监管，使畜产品准出与准入制度紧密联结。推进畜牧业牌战略，加快推行畜产品分级包装上市。

（四）加强疫病监控

科学防治，确保健康生产畜产品。畜产品的安全生产与疾病的防治不可分，尽管有些疾病可以治疗，但疾病所带来的危害和治疗的药物所产生的残留都会严重影响畜产品的安全生产。"防重于治，预防为主"早已成为不可否认的真理，但不少畜牧从业人员对此认识不清，重视不够，相反对治病却非常重视，一旦发生疾病就期待着用药就好的良药。显然，疾病防治应以防为主以治为辅，及早发现，将疫情消灭在萌芽之中，能够把疾病消灭在场外，乃是疾病控制的上策；如能坚持实施科学的免疫接种计划增强动物抗病力和消灭养殖场环境中病原微生物，使畜禽不易患病，这是疫病控制的中策；而一旦发生疾病，再去诊治，则是疾病控制的下策。在疾病防疫中应认真贯彻《中华人民共和国动物防疫法》，充分调动全社会力量，加强疫病防治宣传，提高防病水平，增强防病意识。要创造合适动物生长、发育、生产的饲养环境，培养健康的种畜群，保持清洁的饲养环境，防止病原微生物的增加和蔓延，进行适时接种和科学的免疫，严格控制抗生素、激素及有害化学药品的使用，使畜产品生产步入安全、有序的轨道。

加强动物防疫工作，健全疫情监测网络建设，疫病防治是畜产品安全生产的主要环节。近年来，国内外重大动物疫情的发生和蔓延，直接威胁着辖区畜牧业生产安全和社会稳定。我们要坚持"预防为主、防重于治"的方针，建立长效管理机制，加大防疫工作力度，提高免疫密度，健全完善免疫登记和户籍化管理，实行动物防疫工作巡查制度，完善连场带户责任制，同时要加强监测预警体系建设。在加强疫病监控方面，除政策方面的制定外，饲养场也需要有明确的规章制度规范自身的生产行为，确保能在生产源头上对疫情问题进行控制，每年养殖场都需要对人和畜产品进行疫苗注射和疾病防控，降低疫病传染源传播概率。对于进口畜产品，海关部门也应严格检查和隔离观察。

（五）加强畜产品屠宰加工、流通销售环节的监管力度

动物产品加工生产均需经相应流程，屠宰畜禽流程通常包含着电击致昏后屠宰，放血后烫洗褪毛处理等，尤其是烫洗褪毛处理过程属于动物产品极易受人畜共患致病菌的污染过程；部分不法商贩加工不明病因致死畜禽，以次充好，也会致使动物产品当中人畜共患致病菌暴露污染风险增加。畜禽屠宰过程已经引起了行业高度重视，国家发布了系列动物畜禽屠宰操作规程和屠宰良好操作规范，如《畜禽屠宰操作规程 羊》（GB/T 43562—2023）、《畜禽屠宰 HACCP 应用规范》（GB/T 20551—2022）、《畜禽屠宰良好操作规范 兔》（NY/T 4272—2023）、《畜禽屠宰操作规程 鹿》（NY/T 4271—2023）、《生猪屠宰肉品品质检验规程（试行）》（农业农村部公告第 637 号）等，屠宰企业应对畜产品进行严格检疫，剔除病害畜禽及其产品。

动物产品加工过后贮存运输、营销、烹饪相关过程，也极易受到人畜共患致病菌所污染。如果从事动物产品营销及餐饮业的工作人员为人畜共患致病菌者或者是带菌者，则动物产品极易受污染，致病菌会加重传播。动物卫生监督机构应严抓畜产品养殖生产（加工）源头，加大畜产品质量安全专项整治工作力度，重点打击制售有毒有害畜产品的违法行为，充分发挥动物卫生监管职责。加强市场监督，建立市场准入制度。执法人员要巡回城乡集镇定期检查监督，对畜产品的流通渠道严格把关，不合格的畜产品严禁进入销售环节。

动物产品当中人畜共患致病菌暴露人群基本上无性别层面差异，以老人、婴幼儿、免疫力低下者为易感染群体。发病后，因致病菌的不同，会产生（如发烧、呕吐、腹泻、腹痛、局部皮肤起疹等）各种中毒症状表现，因自身体质不同，症状持续时间不同，部分严重者甚至会威胁到生命安全。从事动物产品加工生产、营销的工作人员呈较大感染概率。

（六）对重点风险点进行风险评估

动物产品实际加工生产及流通环节的风控十分重要，动物产品相关加工生产企业务必严格依照着畜禽动物产品的安全加工生产各项技术规程，确保加工生产期间动物产品当中人畜共患致病菌的污染风险得以降低，针对上市营销前所有动物产品均需强制性落实抽检工作，防止受人畜共患致病菌的污染动物产品进入到市场当中。同时，饮食卫生及公共卫生层面管理需持续增强，注意做好个人防护。针对被人畜共患致病菌所感染者及带菌者均明令禁止不可从事动物产品的加工生产及餐饮工作。

第四节 典型生物种类风险评估

一、畜产品中沙门氏菌风险评估

在各种动物源性食品中，细菌性食物中毒最为常见，而由沙门氏菌引起的食物中毒病例在食物中毒中屡居首位。在我国，细菌性食物中毒中有 70% ~ 80% 是由沙门氏菌引起的，而且大多数来源于动物源性食品。沙门氏菌菌型繁多分布广泛，是重要的人畜共患病病原体，人们一旦摄入了含有大量沙门氏菌的动物源性食品，就会引起细菌性感染，进而在毒素的作用下发生食物中毒。沙门氏菌也一直作为食品中致病菌检测的一项重要指标。因为沙门氏菌危害严重，许多国家都已开始沙门氏菌的风险评估工作。自 FAO 和 WHO 共同在国际上开展关于食源性微生物风险评估的项目活动以来，食品卫生法典委员会于 1999 年提出对沙门氏菌进行风险评估的要求。但由于食源性微生物风险评估所具有的复杂性，而且风险评估是一个相对新的领域，尚没有国际的甚至国家水平的公认标准，对沙门氏菌的风险评估并不具体，且不成熟、不完善。本节拟从危害识别、危害描述、暴露评估、风险描述等方面对动物源性食品中沙门氏菌的风险进行全面分析，一是帮助公众加深对沙门氏菌风险评估的理解和认识，加强自我保护能力；二是根据我国目前动物源性食品沙门氏菌的污染情况，提出了风险管理的建议，为今后开展其他食品、其他微生物的风险评估提供依据。

沙门氏菌（*Salmonella*）广泛分布于自然界，是对人类和动物健康有极大危害的一类致病菌；由它引起的疾病主要分为两大类：一类是伤寒和副伤寒，另一类是急性肠胃炎；沙门氏菌是引起人类食物中毒的主要致病菌；据世界卫生组织报道，1985年以来，在世界范围内由沙门氏菌引起的已确诊的患病人数显著增加，在欧洲一些国家已增加 5 倍；在我国内陆地区，由沙门氏菌引起的食物中毒屡居首位；据资料统计，在我国细菌性食物中毒中，有 70%～80% 是由沙门氏菌引起的；而在引起沙门氏菌中毒的食品中，约 90% 是肉、蛋、奶等畜产品；肉、蛋、奶等畜产品中含有多种丰富的营养成分，非常适宜沙门氏菌的生长繁殖，沙门氏菌的污染已对食品安全构成了严重威胁。

沙门氏菌引发的食品安全问题一直是世界各国面临的重大公共卫生问题。屠宰环节是肉品沙门氏菌污染的关键风险点之一，欧盟及美国等均对畜禽屠宰环节中的沙门氏菌污染采取了系统、科学的风险监控措施，业已取得显著成效。这些组织/国家对屠宰环节畜禽胴体的取样计划、限量标准、检测方法等做了详细规定，并提出了检测不合格所对应的纠偏措施，并将沙门氏菌基底监测和风险评估作为制定控制技术规范的基础。鉴于我国生鲜肉品致病微生物监测、风险评估以及限量标准和法规的缺乏，屠宰环节沙门氏菌污染率较高，建议进一步优化畜禽屠宰环节病原危害监控措施，持续开展微生物例行监测和风险评估，研究制定适合我国现阶段的畜禽屠宰环节沙门氏菌限量标准和监测控制技术规范。本节旨在通过借鉴国际先进经验，为更好地保障国内畜禽产品质量安全提供参考。

沙门氏菌是经食物传播引起人类肠道疾病的主要食源性致病菌之一。无论发达国家还是发展中国家，几乎每年都有不同数量的沙门氏菌中毒事件报道。据美国疾病控制与预防中心（Centers for Disease Control，CDC）公布的数据，美国每年约有 135 万例沙门氏菌感染病例，导致 26 500 人次住院，420 人死亡；据欧洲食品安全局（European Food Safety Authority，EFSA）和欧洲疾病预防和控制中心（European Centre for Disease Prevention and Control，ECDC）报告，2018 年欧洲近 1/3 的食源性疾病是由沙门氏菌引起的。我国大陆地区的食源性疾病暴发监测数据显示：2015 年在微生物致病因素中沙门氏菌引起的发病人数最多（16.4%，2 494/15 250）；2016 年，猪肉中沙门氏菌引发的病例数排在首位（463 例），导致 302 人次住院。

肉类（尤其是猪肉和禽肉）由于含有丰富的营养成分，非常适宜沙门氏菌生长繁殖。人们一旦摄入含有大量沙门氏菌（$10^5 \sim 10^8$ CFU/g）的动物源性食品，就会引起细菌性感染，进而在毒素作用下发生食物中毒。屠宰过程中，畜禽本身携带的致病微生物可能会释放并交叉污染周边环境和产品，甚至职业人群。肉品生产链往往发挥着致病微生物污染的"放大器"作用。因此，及时监控屠宰环节沙门氏菌污染情况，对控制沙门氏菌传播，降低食品安全隐患具有重要意义。从作者所在实验室往年监测数据看，2017年我国屠宰环节猪肉中沙门氏菌污染率平均为19.3%（209/1 084），最高的省份阳性检出率高达36.7%（99/270）；对禽屠宰场等加工环境的调查结果显示，从上游生产线到下游生产线，沙门氏菌检出率呈上升趋势，说明加工环节中，沙门氏菌无处不在，而且存在严重交叉污染情况。

2005年11月15日，欧盟委员会发布了2073/2005/EC《食品微生物标准》，于2006年1月1日开始正式实施。该规章规定了严格的食品微生物指标要求，对猪、马、牛、羊、家禽等畜禽胴体的取样计划、限量标准、检测方法等做了详细规定，并提出了检测不合格所对应的纠偏措施。可见，欧盟对屠宰加工过程中微生物的相关卫生控制非常重视。

根据2073/2005/EC《食品微生物标准》规定，屠宰场至少每周进行一次微生物学取样，同时取样日期需不断调整，以确保取样日期在每周内分布均匀。根据风险分析，并经主管部门授权，小型屠宰场可不按此取样频率执行。

对于牛、马、羊、猪的胴体，在每段采样时间内，应随机采集5头，每头应尽可能多取一些采样点，推荐选择后肢末端（蹄）、后肢内侧、腹部等微生物污染相对严重的部位，但不强制采样点的位置选择，根据屠宰场使用的屠宰技术而定。取样时，应使用海绵摩擦法采样，每个采样点面积至少为100cm^2；样品若来自牲畜胴体不同采样点，检验前应先混合。对于家禽胴体，在每段采样时间内，使用随机采样方法，至少取15只预冷后的家禽胴体，每只取10g左右的颈部皮肤，将3只的颈部皮肤检验前混合为1份，最终形成每份25g的5份样品。

经过努力，欧盟畜禽屠宰环节中沙门氏菌污染率已下降至较低水平：2012—2017年，鸡肉中沙门氏菌污染率为4.85%～5.40%，火鸡肉沙门氏菌污染率为4.18%～8.70%，猪肉沙门氏菌污染率为0.70%～1.58%；欧盟发现的人沙门氏菌病病例也在大幅下降并基本趋于平稳，其中2005年报告176 395例，2008年131 468例，2011年95 548例，2017年91 662例。在有效控制沙门氏菌流行后，欧盟计划重新修订沙门氏菌限量标准，以最大程度保障食品安全和公共健康。

（一）危害识别

1. 生物学性状

（1）形态与染色

沙门氏菌为肠杆菌科（Enter-obacteriaceae）、沙门氏菌属（*Salmonella*）的革兰氏阴性需氧或兼氧性厌氧杆菌，长1～3.5μm，宽0.5～0.8μm；无芽孢和荚膜，除禽雏沙门氏菌及无动力的变种外，都具有周身鞭毛，能运动。

（2）沙门氏菌的培养

一般沙门氏菌易在普通培养基上生长，发育良好；但也有少数菌型，如甲型副伤寒、羊流产、猪伤寒、仙台、鸡雏沙门氏菌等，在普通琼脂上发育较差；大多数沙门氏菌在普通琼脂平板上，经 18~24h 培养后，其菌落大小一般为 2~3μm；光滑型菌落圆形，半透明，表面光滑，边缘整齐；粗糙型者，边缘不整齐，表面干燥，无光泽；在肉汤培养基内，光滑型呈均匀浑浊生长；粗糙型者可形成沉淀，上部澄清。

自 1885 年由 Salmon 和 Smith 首次分离出猪霍乱沙门氏菌以来，已经从人和动物中分离出 67 个菌群、2 000 多个血清型和变种，其中最为普遍的是肠炎沙门氏菌、鼠伤寒沙门氏菌和海得尔贝格沙门氏菌。我国已发现 200 多个血清型。鼠伤寒沙门氏菌、猪霍乱沙门氏菌、肠炎沙门氏菌等对人和动物均有致病性，能产生耐热毒素，31起人的食物中毒。沙门氏菌对外界环境有一定的抵抗力，如在常温水、牛奶、肉类和蛋类制品中可存活数周至数月，在粪便中可存活 1~10 个月，冰雪中可存活 3~4 个月，在 18~20℃、盐分为 5%~8% 时可存活 30 多天。对热有一定的抵抗力，60℃ 经1h，70℃ 经 20min，75℃ 经 5min 才能灭活，在肉类产品中还需延长时间灭活才能将其杀死。

（3）生化反应

在肠杆菌科细菌分类鉴定中，生化特性检查有着重要的意义；绝大多数菌株能有规律地发酵葡萄糖并产生气体，但偶尔亦有不产气者；该属细菌不能发酵侧金盏花醇、蔗糖，不产生吲哚，不分解尿素，不形成乙酰甲基甲醇。

2. 流行病学

沙门氏菌病是世界范围内报道最频繁的食源性疾病之一，是经口传播的消化道传染病。WHO 统计显示，每年大约有 1.15 亿人因感染沙门氏菌患病，其中 37 万人因此死亡。沙门氏菌引起的胃肠炎病例约为 9 500 万例，其中超 5 万人死亡。中国疾病预防控制中心传染病预防控制所研究员闫梅英介绍，沙门氏菌感染在我国全年的发病数约为 9 000 万人次，近期多个省份的疾病负担调查发现，沙门氏菌每年发病率是245/10 万人。中国疾病预防控制中心监测数据显示，在我国，由细菌引起的食源性疾病事件中，沙门氏菌占比 70%~80%，主要是因食用了受沙门氏菌污染的肉、蛋、奶等动物源性食品而发病，发病患者表现为腹泻、发热、腹痛或痉挛、呕吐、头痛和恶心等典型症状。

无论是发达国家还是发展中国家，几乎每年均有不同程度的沙门氏菌中毒事件的报道。自 WHO 把沙门氏菌病作为一个全球性卫生问题加以控制后，沙门氏菌病的发生概率有所降低。但近几年仍有重大沙门氏菌中毒案例的报道。如 2003 年，沙门氏菌病侵扰瑞典南部，有 100 多人因食用受沙门氏菌污染的肉制品而感染；2004 年 7 月在德国阿尔高北部地区也有 23 人确诊为沙门氏菌感染。2004 年 5 月在马来西亚芙蓉召开的亚洲及太平洋区域食品安全会议上，中国、韩国、日本、泰国等国家的报告表明，在每年暴发的食源性疾病中，沙门氏菌病仍占有极大的比例。韩国在 2003 年因沙门氏菌造成的食物中毒事件就达 416 起之多。WHO 估计，世界上沙门氏菌病总的发病趋势是下降的，发达国家如美国、西欧、日本等的发病率已降到（0.4～3.7）/10 万人，发展中国家沙门氏菌病的发病率可高达 540/10 万人。我国伤寒发病呈逐年下降趋势，20 世纪 80 年代发病率在 50/10 万人，90 年代在 10/10 万人以下。近年的流行特点为：全年各月都有病例，但以夏秋季为高峰（8—10 月），各年龄组均可发病，全国以散发为主，但有的地区时有暴发流行。人沙门氏菌病常常呈现出显著的季节性，气候温暖的月份是发病率的高峰。幼儿、老人、幼畜、雏禽的发病率相对较高。

（二）危害描述

沙门氏菌的中毒主要是菌体内毒素的作用。许多血清型沙门氏菌都能产生内毒素，尤其是肠炎沙门氏菌、鼠伤寒沙门氏菌和猪霍乱沙门氏菌。内毒素具有耐热能力，75℃ 经 1h 后仍有毒力，可使人发生食物中毒。当人食用了含有大量沙门氏菌活菌的被污染食品，病菌可在肠道内继续繁殖，经肠系膜淋巴系统进入血循环，形成一过性菌血症，肠道内大量的细菌及菌体崩解后释放出来的内毒素，对肠道黏膜，肠壁及肠壁的神经、血管有强烈的刺激作用，造成肠道黏膜肿胀、渗出、黏膜脱落，因而中毒症状表现出呕吐、腹痛及不同性质的腹泻。内毒素由肠壁进入肠内，对肠管局部有致敏作用，因而引起局部炎症或加重局部炎症。畜禽感染沙门氏菌可引起相应的传染病，如猪霍乱、鸡白痢等。一般情况下畜禽肠道带菌率比较高。当动物因患病、衰弱、营养不良、疲劳导致抵抗力降低时，肠道中的沙门氏菌即可经肠系膜淋巴结和淋巴组织进入血液引起全身感染，甚至死亡。例如猪霍乱沙门氏菌可引起仔猪副伤寒，急性病例出现败血症变化，死亡率相当高。慢性病中出现坏死性肠炎，影响猪的生长发育。鸡白痢沙门氏菌，主要侵害雏鸡，引起败血症，可造成大批死亡。在成年母鸡则主要引起卵巢炎，带菌而传给幼雏。可在卵黄内人类沙门氏菌病的特征是恶心、呕吐、腹泻、腹痛或痉挛、发烧及头痛。潜伏期从 8～72h 不等。患者通常在进食受污染的食物 12～36h 发病。症状可能长达一个星期，程度由轻度到严重，偶尔也可致死。死亡病例多见于易感染人群，包括婴儿、老人和免疫系统缺损者。少数受感染的病人可能会产生赖特尔综合征，这是一种关节炎，特征是关节疼、眼睛发炎和尿痛。

伤寒、甲型、乙型、丙型副伤寒沙门氏菌均为人类致病菌；在自然条件下，只能使人得病，而不能使动物自然感染；大部分其他血清型沙门氏菌，能使动物与家禽产生肠炎、败血症或伤寒样疾患，家禽如鸡、鸭、鹅，家畜如猪、牛、马、羊，以及各种兽类、鱼类、鼠类均可带菌，甚至某些昆虫也可以分离出沙门氏菌；食用污染细菌的蛋类、肉类、奶制品常是引起人类沙门氏菌感染的重要原因。

1. 侵袭力

有 Vi 抗原的沙门氏菌具有侵袭力，能穿过小肠上皮到达固有层；细菌在此部位常被吞噬细胞吞噬，但由于 Vi 抗原的保护作用，被吞噬后的细菌在细胞内不被破坏，反而在细胞内继续生长繁殖，并随游走的吞噬细胞将细菌带至机体的其他部位。

2. 内毒素

沙门氏菌有较强的内毒素，可引起发热、白细胞改变、中毒性休克，并能激活补体系统产生多种生化效应，导致一系列病理生理变化。

3. 肠毒素

某些沙门氏菌如鼠伤寒沙门氏菌能产生类似大肠埃希菌的肠毒素。

（1）胃肠炎

这是沙门氏菌感染中最常见的一型，约占病例的 70%；潜伏期一般为 4~24h，发病大多急剧，有畏寒、发热，多伴有头痛、头晕、恶心、呕吐、腹痛，继以腹泻；亦有偶带脓血或呈血性便者；吐泻严重者，可出现脱水和电解质紊乱；偶有呈霍乱样的暴发性胃肠炎者，呕吐，腹泻剧烈，体温在病初上升后即下降，脉弱而速，尿少或尿闭等，如抢救不及时，可引起死亡；病例病程长短不一，一般为 3~6d，重者可延至 1~3 周才恢复。

（2）菌血病或败血症

沙门氏菌侵入血液并不少见，表现为畏寒、发热、出汗、面色苍白等中毒现象；细菌可随血液流到身体任何部位发生局部病灶；该型最常见的是猪霍乱沙门氏菌感染。

（3）伤寒和其他肠热症型

典型和严重的肠热症是伤寒，它是由伤寒沙门氏菌引起的；其他沙门氏菌，特别是甲型、乙型副伤寒沙门氏菌，也能引起本症；伤寒菌的唯一宿主是人。

（三）暴露评估

沙门氏菌对公众的主要暴露途径是食用了受其污染的动物源性食品。沙门氏菌的暴露人群无性别差异，易感染人群主要包括婴幼儿、老人和免疫系统缺损者。一旦发病，常出现腹痛、腹泻、呕吐、发烧等中毒症状，症状可能长达一周，程度由轻度到严重，有时可引发中毒性脑病、中毒性败血症而引起死亡。从事动物源性食品生产、加工和销售的工人,感染沙门氏菌的概率较大。沙门氏菌污染主要来源于患病的人和动物及其带菌者,主要由粪便、尿、乳汁以及流产胎儿、胎衣和羊水排出病菌污染水源、土壤和饲料等,其中饲料和水源的污染是导致沙门氏菌相互传染的主要原因,各种饲料中均可发现沙门氏菌,尤其是动物性饲料(如鱼粉)最为常见。

一些养殖场卫生条件差,加上饲养管理不当,如饲喂了受沙门氏菌污染的饲料或水源,可将病原菌传染给健康畜禽,从而间接或直接导致动物源性食品的污染。例如沙门氏菌对禽蛋的污染,可直接作用于蛋壳表面造成污染;若产蛋禽类体内携带有沙门氏菌,由于沙门氏菌可侵染母禽的繁殖器官,且能寄居在禽卵巢并能转移到蛋黄中,可造成禽蛋内部的污染。沙门氏菌既可以通过被感染的母禽水平传播,又可以通过产蛋发生垂直传播。其他动物(如犬、猫、鼠和野鸟等)都可带菌,这些动物一旦进入圈舍也会带来传播的危险。

动物源性食品的生产加工常需经过一系列流程,畜禽屠宰的一般工艺流程包括电击致昏、屠宰、放血、烫洗和褪毛等过程,极易受到沙门氏菌的污染。烫洗和褪毛过程是禽肉中沙门氏菌污染和交叉污染的主要来源。另外,一些不法商贩对病死畜禽进行加工,以次充好,也加大了动物源性食品沙门氏菌的暴露风险。所有动物源性食品在其加工后的贮存、运输、销售和烹饪等过程,也容易受到沙门氏菌的污染。若从事食品销售和餐饮工作的人员是沙门氏菌病患者或是带菌者,极易造成食品污染,加重沙门氏菌的传播。

1. 沙门氏菌对禽肉的污染

禽肉在生产加工线上连续被电击、屠宰、放血、烫洗和拔毛;烫毛和电流浸没式烫洗过程,已被证实是禽肉中沙门氏菌污染和交叉污染的主要来源;在禽肉运输过程中,由于其脚、毛、皮肤很容易粘上粪便,因此,沙门氏菌能存在于饲养场中并在加工操作开始时传染给禽类。

2. 沙门氏菌对禽蛋的污染

沙门氏菌对禽蛋的污染首先作用于蛋壳表面,或者通过其他途径进入禽蛋内部而造成污染;沙门氏菌既可以通过被感染的母鸡、母鸭水平传播,又可以通过产蛋进行垂直传播。

(1)禽蛋表面的污染

环境卫生状况差是造成禽蛋表面沙门氏菌污染的最重要因素;沙门氏菌首先对禽蛋表面造成污染;如果产蛋禽类体内携带有沙门氏菌,当其下蛋时,禽蛋表面已被感染了,因此孵化室会得到受感染的禽蛋;被污染的种蛋在孵化过程中,一部分中途死亡,另一部分孵出病雏,而病雏通过与健雏接触,使沙门氏菌在整个禽类中传播;傅启勇等（1991）用常规方法对 105 枚市售禽蛋作了带染沙门氏菌的监测，从蛋壳分离到 2 株鸡伤寒沙门氏菌，说明通过市售蛋类可传播沙门氏菌；张彦明等（1995）研究了 100 枚样品鸡蛋蛋壳外表沙门氏菌污染情况，其阳性检出率为 40%，检出鸡伤寒和鸡白痢沙门氏菌各 2 株。

（2）禽蛋内部的污染

近年来，蛋的内部受沙门氏菌污染的事件有上升趋势；由沙门氏菌引起的蛋污染主要是由于沙门氏菌对母禽繁殖器官侵袭力强有关；Oka—mura（2001）比较了 6 种不同血清型沙门氏菌对蛋污染和在机体组织器官中分布情况，分别采用 6 种沙门氏菌株对产蛋母禽接种，蛋黄中沙门氏菌的检出率为 70%，这说明沙门氏菌能寄居在禽卵巢中并能转移到蛋中；如果禽蛋黄被沙门氏菌感染会导致：在孵化之前禽就死亡，孵出有病的禽，长成健康带菌的禽；禽类食囊中的食物会缓慢释放入胃中。

（四）风险描述

沙门氏菌作为食源性致病菌在 20 世纪前就为人们所认识。沙门氏菌引起的沙门氏菌病无论在发达国家还是发展中国家都是最频繁报道的食源性疾病之一。在欧美发达国家，人类沙门氏菌病发生率亦高达 0.1%。有资料表明，国际上沙门氏菌病的估计发病率为 0.014% ~ 0.12%。美国曾连续多年沙门氏菌的发病数呈总体上升趋势，美国疾病预防和控制中心估计美国的沙门氏菌病发病率为每年 140 万例，死亡率达到 0.042%，全部病例中的 96% 是由食物引起的。我国近些年报告的由沙门氏菌引起的食物中毒事件，其中毒起数与中毒人数在食物中毒尤其是在微生物性食物中毒中仍占有很高的比例。动物源性食品中的沙门氏菌污染可分为内源性污染和外源性污染两个方面。内源性污染是指活畜禽已经患有沙门氏菌病，如猪副伤寒、牛肠炎、鸡白痢等，这些患病畜禽不但其血液、内脏、肌肉中均可能含有大量的沙门氏菌，甚至在其卵中也可能含有沙门氏菌。外源性污染则是指动物及动物产品在屠宰、加工、运输、储存和销售等过程中，受到污水、粪便、加工工具等的污染而感染沙门氏菌。

在许多国家，家禽是向人类传播沙门氏菌病的主要载体。相当大比重的家禽在发育过程中体内有沙门氏菌寄生，其胴体的皮和肉往往在屠宰和加工的过程中可被病原体污染。此外，肠炎沙门氏菌在许多国家成为人类沙门氏菌疾病的主要病因，鸡蛋是该病原体的主要来源，因为该种血清型病菌具有定殖于母鸡卵巢组织的能力，并且能够存在于蛋壳完整的蛋黄和蛋白里。肠炎沙门氏菌感染与食用生鸡蛋和含有生鸡蛋的食品有关。

1. 禽体

病禽或健康带菌禽的体内都存在大量沙门氏菌；病禽未彻底清除、带菌禽未被检出都可能造成再次污染。

2. 饲料

饲料中的主要污染源是含肉成分的原料，特别是鱼粉、血粉、肉骨粉等蛋白质饲料更易受沙门氏菌的污染；沙门氏菌被发现在鱼粉和肉骨粉中的含量为0.2%~4%；英国国家兽医监察员抽样调查发现，80家蛋白质饲料加工厂中有21家的蛋白质成分"无沙门氏菌"。通过对固体饲料酵母进行生化鉴定和血清学鉴定，结果发现检测样品中检出沙门氏菌；陈沁等通过常规分离培养鉴定技术，对上海口岸部分进口的动物性饲料498份进行了沙门氏菌的分离鉴定；结果共分离到沙门氏菌23株，分离率为4.62%；其中，鱼粉阳性率3.66%；肉骨粉阳性率为13.95%；明虾壳阳性率18.52%；乳清粉和饲料添加剂类阳性率为0。

3. 环境及其他因素

禽舍地面、笼具、供饲设备、饮水器等环境条件都会成为沙门氏菌的传播源；带菌蛋、孵化器内环境中的胎绒，被沙门氏菌污染的空气，可引起同群雏禽的呼吸道感染；其他动物（如犬、猫、鼠和野鸟等）都可带菌，这些动物一旦进入禽舍也会带来传播的危险。

（五）风险管理

近几年，国家有关部门多次组织对全国畜产品质量安全状况进行普查，同时提高人们对沙门氏菌危害性的认识，加强有关沙门氏菌知识的宣传，让更多人都能认识其危害。对饲料厂、养殖场的员工以及动物产品生产加工、销售等过程的参与者进行教育和培训。

加强养殖场污染的控制，从源头抓起，确保动物源性食品不受沙门氏菌的污染。建立良好的畜禽生活环境，对养殖场的环境卫生、畜体卫生、饮水和饲料卫生等所有环节进行严格控制，才能有效防止沙门氏菌的传播。主要措施有加强饲养管理，减少和消除发病诱因，加强消毒，保持饲料免受沙门氏菌污染，要求所购饲料在销售之前进行过加热处理；严格检疫，防止有病或带菌畜禽的引入。逐步建立无沙门氏菌的畜群和禽群。

加强对动物产品加工、流通环节的监管。要求生产加工企业严格遵循畜产品安全生产技术规程，降低生产加工过程中沙门氏菌污染的危险，对上市前的动物产品进行强制性抽检，确保受污染的动物产品不能进入市场。加强公共卫生和饮食卫生管理，注意个人防护。沙门氏菌病患者和带菌者不应从事食品加工和餐饮工作。

严格执行有关畜产品安全的法律法规，以法律的手段来约束整个动物源性食品生产链所有参与者的行为，尽量避免动物源性食品因沙门氏菌污染而引起食物中毒的发生。在动物源性食品生产的整个链环中，对养殖、加工、贮存、运输和销售等各个环节应全面推行 HACCP（危害分析与关键控制点）系统管理，即以沙门氏菌的流行病学为开端，沿着动物源性食品生产链一直追溯到养殖场实行全面控制，并在可能被病原体污染的屠宰和加工过程进行严格控制。此外，肠炎沙门氏菌在许多国家成为人类沙门氏菌疾病的主要病因，鸡蛋是该病原体的主要来源，因为该种血清型病菌具有定殖于母鸡卵巢组织的能力。建立沙门氏菌危害信息系统，使用现代计算机信息处理系统，对沙门氏菌危害进行监测，采集整理沙门氏菌污染控制信息。

1. 控制养殖场地污染

应把对畜产品中沙门氏菌污染控制的焦点放在其首要环节——养殖场，从源头上确保畜产品不受沙门氏菌的污染；在这方面瑞典是一个很好的例子：过去10年来，瑞典设法将畜禽类中的沙门氏菌消除，从而有效地避免了畜产品中沙门氏菌的污染；他们的做法是建立良好的畜禽生活环境，对养殖场的环境卫生、畜体卫生、饮水和饲料卫生等所有环节进行严格控制，保证畜禽饲养的环境能有效防止沙门氏菌的传播。

2. 控制加工及流通环节的污染

应加强对畜产品加工、流通环节的监管；要求生产加工企业严格遵循畜产品安全生产技术规程，降低生产加工过程中沙门氏菌污染的危险，对上市前的畜产品进行强制性抽检，确保受污染的畜产品没有进入市场。

3. 控制饲料的污染

控制饲料的污染是对畜产品进行风险管理的关键，具体措施如下。

（1）加酸处理

沙门氏菌在温度高于10℃、pH值为6~7.5时繁殖最快；在商品饲料生产条件下，饲料不可能作冷藏处理，但添加各种有机酸甲酸、乙酸、丙酸和乳酸降低饲料的pH值，就可以消灭或抑制饲料中沙门氏菌生长，并可改善动物肠道的微生物区系。

（2）合理使用抗菌剂

肉禽日粮甲酸钙添加量大于0.72%时，可使生长和饲料效率下降；而添加0.5%~1%的富马酸（$P<0.05$）可以明显地促进生长；Bailey等（1998）研究了各种抗菌剂包括球虫药对口服沙门氏鼠伤寒杆菌培养物的雏禽的影响，发现各种抗菌剂结合使用，能有效地减少沙门氏菌在盲肠中繁殖。

（3）加热处理

制粒过程中饲料所受到的热足以杀死沙门氏菌；Liu等（1969）发现，当饲料含水量为15%，加热到88℃时可完全将沙门氏菌杀灭；调查表明，41%的肉禽开食料和58%的蛋用种禽日粮样品都有沙门氏菌存在，经蒸汽调质和压粒后，这两种日粮大约只有4%的样品尚有沙门氏菌存在。

4. 严格执法

严格执行有关畜产品安全的法律法规，以法律的手段来约束整个畜产品生产链所有参与者的行为，尽量避免因沙门氏菌污染的畜产品而导致的食物中毒；在畜产品生产的整个链环中，对养殖、加工、销售等各个环节应全面推行HACCP危害分析关键控制点系统管理，即以沙门氏菌的流行病学为开端，沿着畜产品生产链一直追溯到养殖场实行全面控制，并将控制的重点放在对人类健康的直接危害上；只有这样，才能确保畜产品在到达消费者手中时是安全的。

二、零售鸡肉中非伤寒沙门氏菌风险评估

非伤寒沙门氏菌（Non-typhoid Salmonella，NTS）是全球最常见的食源性致病菌之一。全球每年由于NTS导致的胃肠炎病例数为9 380万例，每年死于NTS感染人数为15.5万人。每年美国CDC接到的经过培养和分型的NTS感染病例报告大约4万例。在所有NTS感染病例中，估计有94%因食物引起。

NTS是世界各地从家禽中分离到的最常见病原菌，禽类产品中污染的NTS是导致人类食源性疾病的重要因素。许多国家为此制定了禽肉中NTS的限量标准。为了探索潜在的可以降低我国居民通过摄食鸡肉罹患NTS感染的干预措施，国家食品安全风险评估专家委员会组织开展了我国零售鸡肉中NTS污染对人群健康影响的初步定量风险评估工作。

（一）我国零售阶段生鸡肉中NTS污染水平及其影响因素

本次评估所用生鸡肉中NTS污染水平数据来自2010—2012年对我国部分省市整鸡样品中NTS污染的专项监测结果，共计监测样本1 595份。监测结果发现，我国零售整鸡中NTS污染阳性率为41.6%。不同月份整鸡中NTS的污染率存在显著性差异，其中8月份采集的整鸡样品的污染率最高，为55.8%，而1月份的整鸡样品污染率最低，为26.5%。零售环节冷藏整鸡的污染率分别是冷冻整鸡和现宰杀整鸡的22.4倍（95% CI，1.9~3.2）和3.1倍（95% CI，2.4~4.0）。未包装整鸡的污染率是包装整鸡的1.4倍（95% CI，1.1~1.7）。多因素Logistic回归结果提示，采样的月份、购买时整鸡样品的储存条件以及购买时整鸡包装与否，都与整鸡是否被NTS污染具有显著性关联，而整鸡购买自超市或农贸市场与其被污染情况未见统计学关联。

（二）我国部分居民鸡肉消费量数据

本次评估采用的鸡肉消费量数据来自 2002 年中国居民营养与健康状况调查结果，为居民一餐摄食的鸡肉及其制品的克数。消费者平均每餐鸡肉的消费量为 105g，中位数为 100g，最小值为 5g，最大值为 2 500g，其中回忆每餐消费 100g 鸡肉的消费者占全部消费者的 34.1%。

（三）我国部分居民鸡肉烹调习惯初步调查结果

我国居民鸡肉烹调习惯数据来自对我国 251 户家庭初步调查的结果，这些家庭分布于安徽、福建等 22 个省（自治区、直辖市），调查发现 45.5%（113 户）的家庭在室温下储存生鸡肉。室温储存生鸡肉的平均时间为 5.8h，其中报告室温储存生鸡肉时间为 2h 的家庭最多，为 42 户。调查发现我国居民报告切割鸡肉所用案板生熟分开的比例仅占全部调查家庭的 31.1%。

（四）我国居民鸡肉–NTS 组合的暴露评估

本次暴露评估主要包括以下方面：我国零售环节生鸡肉中 NTS 污染水平分布的描述、购买后烹调前生鸡肉中 NTS 的增长、烹调前生鸡肉中 NTS 污染即食食品、居民通过摄食被污染的即食食品暴露于 NTS 的数量。暴露评估中将会利用鸡肉中 NTS 增长模型、我国厨房内鸡肉–NTS 交叉污染模型和 NTS 剂量–反应关系模型。

1. 零售环节生鸡肉中 NTS 污染水平分布情况的描述

针对定量污染水平中存在删失数据的问题，本次评估采用基于 R 软件的 fitdistcens 函数，计算得到我国零售阶段鸡肉中 NTS 的污染水平的对数均数和标准差（以 $\log_{10}MPN/100g$ 为单位。MPN，最大可能数）分别为 −0.05 和 1.27。其中 8 月份采集的整鸡样品的污染水平最高，为 0.39±1.66（$\log_{10}MPN/100g$），1 月份采集的污染水平最低，为 −0.73±1.31（$\log_{10}MPN/100g$）。购买时冷藏状态的整鸡的污染水平最高，为 0.24±1.17（$\log_{10}MPN/100g$），现宰杀的整鸡的污染水平最低，为 −0.71±1.48（$\log_{10}MPN/100g$）。未包装整鸡的污染水平为 −0.05±1.27（$\log_{10}MPN/100g$），高于包装的整鸡 −0.23±1.10（$\log_{10}MPN/100g$）。

2. 购买后烹调前生鸡肉中 NTS 的增长情况

本次评估对购买后烹调前生鸡肉中 NTS 增长情况采用 Gompertz 数学模型进行拟合。模型中的参数，如最大生长密度（Maximum population density，MPD）、迟滞期（Lagphase duration，LPD）和增长率相对最大值等的平均值和标准误来自预测微生物学公共数据库（Combase）的数据拟合结果。

3. 烹调前生鸡肉中 NTS 污染即食食品的情况

本次评估所采用的厨房内鸡肉–NTS 组合交叉污染模型是以 Havelaar 等的鸡肉–

空肠弯曲菌组合交叉污染模型框架和相关转移率参数为基础，包括5个步骤，分别是切割生鸡肉、清洗刀具、清洗案板、洗手和切割即食食品。

4. NTS剂量-反应关系模型

本次评估选取WHO/FAO 2002年报告中所采用的Beta Poisson模型。参数选取该模型对同一NTS摄入量后估计的发病风险的上限值，即Alpha = 0.227 4，Beta = 57.96。

5. 居民通过摄食即食食品暴露于NTS的数量

我国居民通过生鸡肉厨房内交叉污染而摄入的NTS数量的计算采用Monte Carlo分析，模型在R软件（2.15.0版本）迭代10 000次，拟合200次。变异性分析提示我国居民每餐通过摄食被生鸡肉中NTS污染的即食食品而摄入NTS数量的平均值的均值为0.015（95% CI，0.012~0.017）MPN。

此外，我国居民在7月份每餐通过生鸡肉交叉污染即食食品摄入的NTS数量的平均值最高，为0.056（0.024~0.112）MPN，其次为8月份0.049（0.025~0.120）MPN。居民通过冷藏鸡肉厨房内交叉污染而摄入的NTS数量平均值0.018（0.015~0.026）MPN要高于冷冻鸡肉0.012（0.010~0.014）MPN和现宰杀鸡肉0.012（0.010~0.016）MPN。居民通过未包装的生鸡肉发生厨房内交叉污染而摄入的NTS数量平均值0.017（0.014~0.024）MPN要高于包装生鸡肉0.012（0.011~0.015）MPN。此外，居民通过农贸市场购买的生鸡肉而摄入的NTS的平均值0.019（0.014~0.033）MPN要高于从农贸市场购买的生鸡肉0.013（0.011~0.016）MPN。

（五）我国居民罹患NTS感染的食物载体归因分析

本次评估采用Hald模型，通过OpenBUGs 3.2.1版软件对马卡洛夫链进行计算。

根据文献检索的NTS病例的血清分型数据结果，发现鸡肉导致NTS感染占全部NTS食源性疾病病例数的54.4%（95 CI，53.4%~55.2%），其次为猪肉，占39.9%（95 CI，39.1%~40.7%）；根据感染性腹泻主动监测数据结果，人群通过鸡肉感染NTS的病例数，占全部NTS食源性疾病病例的36.7%（95 CI，35.4%~37.9%），低于通过猪肉的比例，53.1%（95 CI，51.8%~54.4%）；根据中国疾病预防控制信息系统2009—2011年丙类传染病"其他感染性腹泻"报告的NTS病例血清分型结果，人群通过鸡肉感染NTS的病例数占所有NTS食源性疾病病例的40.7%（95 CI，39.3%~42.1%），低于猪肉的48.0%（95 CI，46.6%~49.4%）。

（六）我国鸡肉中NTS污染对人群健康影响的风险估计

本次评估估计我国居民每餐通过生鸡肉厨房内交叉污染即食食品而罹患NTS感

染的平均风险为 5.8×10^{-5}（95%CI，$4.9 \times 10^{-5} \sim 7.2 \times 10^{-5}$）。根据《2011 年国家统计局年鉴》和 2002 年中国居民营养与健康状况调查结果，我国居民每年通过生鸡肉厨房内交叉污染即食食品而罹患 NTS 食物中毒的风险为 2.3×10^{-3}；如果我国人口按照 13.7 亿人计算，我国每年因为生鸡肉中 NTS 厨房内交叉污染即食食品而罹患 NTS 食物中毒的估计人数分别为 3 065 451（95%CI，2 573 241 ~ 3 776 117）人。按照 NTS 食源性疾病病例中的 36.7% ~ 54.4% 归因于生鸡肉计算和假设食源性 NTS 病例占全部来源的 NTS 病例的 94%，推算我国每年 NTS 病例数为 5 994 703 ~ 8 650 181 人。

（七）敏感性分析

敏感性分析结果采用 Spearman 相关分析方法，分别分析鸡肉中 NTS 的污染密度、室温存放鸡肉情况、时间和温度、案板生熟分开的情况、菜刀生熟分开情况、洗手、洗案板和洗菜刀的方式方法，与居民每餐通过生鸡肉厨房内交叉污染即食食品而罹患 NTS 感染的风险的相关关系。结果提示影响发病风险的因素（Spearman 相关系数的均值，95% 置信区间）按均值从大到小排列依次为零售阶段鸡肉中 NTS 污染水平（0.379，0.365 ~ 0.395）、是否更换案板（0.348，0.329 ~ 0.362）、清洗案板的方式（−0.262，−0.282 ~ −0.246）、一餐鸡肉消费量（0.080，0.064 ~ 0.097）、洗手方式（−0.039，−0.057 ~ −0.023）、鸡肉购买后烹调前是否室温储存（−0.035，−0.055 ~ 0.017）和洗刀方式（−0.030，−0.049 ~ −0.010）。

（八）干预措施模拟研究

本次评估主要选取具有较大相关关系（Spearman 相关系数 ≥0.1）的因素（零售阶段鸡肉中 NTS 污染水平、是否更换案板和清洗案板的方式）作为干预措施，来评价其效果。当所整鸡中 NTS 污染水平为不可检出（<1.5MPN/100g）时，居民每餐通过生鸡肉厨房内交叉污染即食食品而罹患 NTS 感染的平均风险变为 2.7×10^{-5}（95%CI，$2.4 \times 10^{-5} \sim 3.0 \times 10^{-5}$）。

当所有消费者均采用案板生熟分开后，居民每餐通过生鸡肉厨房内交叉污染即食食品而罹患 NTS 感染的平均风险变为 2.1×10^{-5}（95%CI，$1.8 \times 10^{-5} \sim 2.4 \times 10^{-5}$）。所有消费者全部采用洗涤剂清洗案板后，居民每餐通过生鸡肉厨房内交叉污染即食食品而罹患 NTS 感染的平均风险变为 3.2×10^{-5}（95%CI，$2.7 \times 10^{-5} \sim 3.7 \times 10^{-5}$）。零售环节生鸡肉中 NTS 的污染水平全部降低到不可检出以下（<1.5MPN/100g），同时居民在切割生鸡肉后全部更换案板切割即食食品和用洗涤剂清洗案板，结果提示居民每餐通过生鸡肉厨房内交叉污染即食食品而罹患 NTS 感染的平均风险为 1.3×10^{-5}（95%CI，$1.1 \times 10^{-5} \sim 1.6 \times 10^{-5}$）。零售环节生鸡肉中 NTS 的污染水平全部降低到不可检出以下（<1.5MPN/100g），同时居民在切割生鸡肉后全部更换案板切割即食食品和/或

用洗涤剂清洗案板、在购买鸡肉后烹制前采用冷藏或冷冻方式储存鸡肉、切割鸡肉后用皂类产品洗手和用洗涤剂清洗菜刀，居民每餐通过生鸡肉厨房内交叉污染即食食品而罹患 NTS 感染的平均风险为 $1.1×10^{-5}$（$1.0×10^{-5}$～$1.3×10^{-5}$）。

（九）结论与建议

监测结果发现，我国零售阶段大约半数的整鸡样品中 NTS 检测阳性。我国居民通过生鸡肉发生厨房内交叉污染而罹患 NTS 感染的平均风险为 $5.8×10^{-5}$（95% CI，$4.9×10^{-5}$～$7.2×10^{-5}$）。分别将零售环节鸡肉中 NTS 的污染水平降低到不可检出水平，或者消费者切割生鸡肉后案板全部生熟分开，或者没有生熟分开时都采用洗涤剂清洗案板，居民罹患 NTS 感染的风险分别降低 53%、65% 和 46%，具体措施建议如下。

（1）我国零售环节有约半数整鸡样品中检出 NTS 污染，而且零售环节冷藏的鸡肉被 NTS 污染的率显著高于现宰杀和冷冻的整鸡，未包装的生鸡肉高于包装的生鸡肉，提示零售环节本身存在 NTS 的污染或交叉污染，因此应当加强零售环节生鸡肉储藏的过程管理，制定良好生产规范，降低生鸡肉中 NTS 污染或交叉污染。

（2）正确的厨房内卫生习惯，例如案板生熟分开或采用洗涤灵等洗涤剂清洗案板对于降低我国居民通过交叉污染罹患 NTS 感染的风险具有重要的作用，因此应当加强相关的食品安全风险交流和健康教育工作，提高公众对厨房内食品安全的认识，减少错误的厨房内操作行为。

（3）根据归因研究结果，生猪肉对我国居民 NTS 食源性疾病的贡献率较高，因此应当加强生猪肉 NTS 污染的风险管理，必要时开展定量风险评估工作。

（4）本次鸡肉-NTS 的定量风险评估仅仅涉及零售和餐桌两个阶段，其结果不能为养殖、屠宰等阶段制定良好生产规范和关键控制点提供科学的数据。因此进一步工作应开展我国鸡肉-NTS 组合从农场到餐桌的全过程定量风险评估研究工作。

我国地域广大，不同地区人群烹调习惯存在较大差别，因此系统性地探讨和构建不同地区人群烹调习惯的模型，对于精确评价人群发病风险，差异化提出针对不同地区人群的干预措施，有效降低我国 NTS 食源性疾病的疾病负担，具有重要的作用。

第六章
畜产品风险评估支持体系

第一节　法律基础

《中华人民共和国农产品质量安全法》

中华人民共和国主席令

第一二〇号

《中华人民共和国农产品质量安全法》已由中华人民共和国第十三届全国人民代表大会常务委员会第三十六次会议于 2022 年 9 月 2 日修订通过，现予公布，自 2023 年 1 月 1 日起施行。

中华人民共和国主席　习近平

2022 年 9 月 2 日

中华人民共和国农产品质量安全法

（2006 年 4 月 29 日第十届全国人民代表大会常务委员会第二十一次会议通过 根据 2018 年 10 月 26 日第十三届全国人民代表大会常务委员会第六次会议《关于修改〈中华人民共和国野生动物保护法〉等十五部法律的决定》修正　2022 年 9 月 2 日第十三届全国人民代表大会常务委员会第三十六次会议修订）

第一章　总则

第一条　为了保障农产品质量安全，维护公众健康，促进农业和农村经济发展，制定本法。

第二条　本法所称农产品，是指来源于种植业、林业、畜牧业和渔业等的初级产品，即在农业活动中获得的植物、动物、微生物及其产品。

本法所称农产品质量安全，是指农产品质量达到农产品质量安全标准，符合保障人的健康、安全的要求。

第三条　与农产品质量安全有关的农产品生产经营及其监督管理活动，适用本法。

《中华人民共和国食品安全法》对食用农产品的市场销售、有关质量安全标准的制定、有关安全信息的公布和农业投入品已经作出规定的，应当遵守其规定。

第四条　国家加强农产品质量安全工作，实行源头治理、风险管理、全程控制，建立科学、严格的监督管理制度，构建协同、高效的社会共治体系。

第五条　国务院农业农村主管部门、市场监督管理部门依照本法和规定的职责，对农产品质量安全实施监督管理。

国务院其他有关部门依照本法和规定的职责承担农产品质量安全的有关工作。

第六条　县级以上地方人民政府对本行政区域的农产品质量安全工作负责，统一领导、组织、协调本行政区域的农产品质量安全工作，建立健全农产品质量安全工作机制，提高农产品质量安全水平。

县级以上地方人民政府应当依照本法和有关规定，确定本级农业农村主管部门、市场监督管理部门和其他有关部门的农产品质量安全监督管理工作职责。各有关部门在职责范围内负责本行政区域的农产品质量安全监督管理工作。

乡镇人民政府应当落实农产品质量安全监督管理责任，协助上级人民政府及其有关部门做好农产品质量安全监督管理工作。

第七条　农产品生产经营者应当对其生产经营的农产品质量安全负责。

农产品生产经营者应当依照法律、法规和农产品质量安全标准从事生产经营活动，诚信自律，接受社会监督，承担社会责任。

第八条　县级以上人民政府应当将农产品质量安全管理工作纳入本级国民经济和社会发展规划，所需经费列入本级预算，加强农产品质量安全监督管理能力建设。

第九条　国家引导、推广农产品标准化生产，鼓励和支持生产绿色优质农产品，禁止生产、销售不符合国家规定的农产品质量安全标准的农产品。

第十条　国家支持农产品质量安全科学技术研究，推行科学的质量安全管理方法，推广先进安全的生产技术。国家加强农产品质量安全科学技术国际交流与合作。

第十一条　各级人民政府及有关部门应当加强农产品质量安全知识的宣传，发挥基层群众性自治组织、农村集体经济组织的优势和作用，指导农产品生产经营者加强质量安全管理，保障农产品消费安全。

新闻媒体应当开展农产品质量安全法律、法规和农产品质量安全知识的公益宣传，对违法行为进行舆论监督。有关农产品质量安全的宣传报道应当真实、公正。

第十二条　农民专业合作社和农产品行业协会等应当及时为其成员提供生产技术服务，建立农产品质量安全管理制度，健全农产品质量安全控制体系，加强自律管理。

第二章　农产品质量安全风险管理和标准制定

第十三条　国家建立农产品质量安全风险监测制度。

国务院农业农村主管部门应当制定国家农产品质量安全风险监测计划，并对重点区域、重点农产品品种进行质量安全风险监测。省、自治区、直辖市人民政府农业农村主管部门应当根据国家农产品质量安全风险监测计划，结合本行政区域农产品生产经营实际，制定本行政区域的农产品质量安全风险监测实施方案，并报国务院农业农村主管部门备案。县级以上地方人民政府农业农村主管部门负责组织实施本行政区域的农产品质量安全风险监测。

县级以上人民政府市场监督管理部门和其他有关部门获知有关农产品质量安全风险信息后，应当立即核实并向同级农业农村主管部门通报。接到通报的农业农村主管部门应当及时上报。制定农产品质量安全风险监测计划、实施方案的部门应当及时研究分析，必要时进行调整。

第十四条　国家建立农产品质量安全风险评估制度。

国务院农业农村主管部门应当设立农产品质量安全风险评估专家委员会，对可能影响农产品质量安全的潜在危害进行风险分析和评估。国务院卫生健康、市场监督管理等部门发现需要对农产品进行质量安全风险评估的，应当向国务院农业农村主管部门提出风险评估建议。

农产品质量安全风险评估专家委员会由农业、食品、营养、生物、环境、医学、化工等方面的专家组成。

第十五条　国务院农业农村主管部门应当根据农产品质量安全风险监测、风险评估结果采取相应的管理措施，并将农产品质量安全风险监测、风险评估结果及时通报国务院市场监督管理、卫生健康等部门和有关省、自治区、直辖市人民政府农业农村主管部门。

县级以上人民政府农业农村主管部门开展农产品质量安全风险监测和风险评估工作时，可以根据需要进入农产品产地、储存场所及批发、零售市场。采集样品应当按照市场价格支付费用。

第十六条　国家建立健全农产品质量安全标准体系，确保严格实施。农产品质量安全标准是强制执行的标准，包括以下与农产品质量安全有关的要求：

（一）农业投入品质量要求、使用范围、用法、用量、安全间隔期和休药期规定；

（二）农产品产地环境、生产过程管控、储存、运输要求；

（三）农产品关键成分指标等要求；

（四）与屠宰畜禽有关的检验规程；

（五）其他与农产品质量安全有关的强制性要求。

《中华人民共和国食品安全法》对食用农产品的有关质量安全标准作出规定的，依照其规定执行。

第十七条　农产品质量安全标准的制定和发布，依照法律、行政法规的规定执行。

制定农产品质量安全标准应当充分考虑农产品质量安全风险评估结果，并听取农产品生产经营者、消费者、有关部门、行业协会等的意见，保障农产品消费安全。

第十八条　农产品质量安全标准应当根据科学技术发展水平以及农产品质量安全的需要，及时修订。

第十九条　农产品质量安全标准由农业农村主管部门商有关部门推进实施。

第三章　农产品产地

第二十条　国家建立健全农产品产地监测制度。

县级以上地方人民政府农业农村主管部门应当会同同级生态环境、自然资源等部门制定农产品产地监测计划，加强农产品产地安全调查、监测和评价工作。

第二十一条　县级以上地方人民政府农业农村主管部门应当会同同级生态环境、自然资源等部门按照保障农产品质量安全的要求，根据农产品品种特性和产地安全调查、监测、评价结果，依照土壤污染防治等法律、法规的规定提出划定特定农产品禁止生产区域的建议，报本级人民政府批准后实施。

任何单位和个人不得在特定农产品禁止生产区域种植、养殖、捕捞、采集特定农产品和建立特定农产品生产基地。

特定农产品禁止生产区域划定和管理的具体办法由国务院农业农村主管部门商国务院生态环境、自然资源等部门制定。

第二十二条　任何单位和个人不得违反有关环境保护法律、法规的规定向农产品产地排放或者倾倒废水、废气、固体废物或者其他有毒有害物质。

农业生产用水和用作肥料的固体废物，应当符合法律、法规和国家有关强制性标准的要求。

第二十三条　农产品生产者应当科学合理使用农药、兽药、肥料、农用薄膜等农业投入品，防止对农产品产地造成污染。

农药、肥料、农用薄膜等农业投入品的生产者、经营者、使用者应当按照国家有关规定回收并妥善处置包装物和废弃物。

第二十四条　县级以上人民政府应当采取措施，加强农产品基地建设，推进农业标准化示范建设，改善农产品的生产条件。

第四章　农产品生产

第二十五条　县级以上地方人民政府农业农村主管部门应当根据本地区的实际情况，制定保障农产品质量安全的生产技术要求和操作规程，并加强对农产品生产经营者的培训和指导。

农业技术推广机构应当加强对农产品生产经营者质量安全知识和技能的培训。国家鼓励科研教育机构开展农产品质量安全培训。

第二十六条　农产品生产企业、农民专业合作社、农业社会化服务组织应当加强农产品质量安全管理。

农产品生产企业应当建立农产品质量安全管理制度，配备相应的技术人员；不具备配备条件的，应当委托具有专业技术知识的人员进行农产品质量安全指导。

国家鼓励和支持农产品生产企业、农民专业合作社、农业社会化服务组织建立和实施危害分析和关键控制点体系，实施良好农业规范，提高农产品质量安全管理水平。

第二十七条　农产品生产企业、农民专业合作社、农业社会化服务组织应当建立农产品生产记录，如实记载下列事项：

（一）使用农业投入品的名称、来源、用法、用量和使用、停用的日期；

（二）动物疫病、农作物病虫害的发生和防治情况；

（三）收获、屠宰或者捕捞的日期。

农产品生产记录应当至少保存二年。禁止伪造、变造农产品生产记录。

国家鼓励其他农产品生产者建立农产品生产记录。

第二十八条　对可能影响农产品质量安全的农药、兽药、饲料和饲料添加剂、肥料、兽医器械，依照有关法律、行政法规的规定实行许可制度。

省级以上人民政府农业农村主管部门应当定期或者不定期组织对可能危及农产品质量安全的农药、兽药、饲料和饲料添加剂、肥料等农业投入品进行监督抽查，并公布抽查结果。

农药、兽药经营者应当依照有关法律、行政法规的规定建立销售台账，记录购买者、销售日期和药品施用范围等内容。

第二十九条　农产品生产经营者应当依照有关法律、行政法规和国家有关强制性标准、国务院农业农村主管部门的规定，科学合理使用农药、兽药、饲料和饲料添加剂、肥料等农业投入品，严格执行农业投入品使用安全间隔期或者休药期的规定；不得超范围、超剂量使用农业投入品危及农产品质量安全。

禁止在农产品生产经营过程中使用国家禁止使用的农业投入品以及其他有毒有害物质。

第三十条　农产品生产场所以及生产活动中使用的设施、设备、消毒剂、洗涤剂等应当符合国家有关质量安全规定，防止污染农产品。

第三十一条　县级以上人民政府农业农村主管部门应当加强对农业投入品使用的监督管理和指导，建立健全农业投入品的安全使用制度，推广农业投入品科学使用技术，普及安全、环保农业投入品的使用。

第三十二条　国家鼓励和支持农产品生产经营者选用优质特色农产品品种，采用绿色生产技术和全程质量控制技术，生产绿色优质农产品，实施分等分级，提高农产品品质，打造农产品品牌。

第三十三条　国家支持农产品产地冷链物流基础设施建设，健全有关农产品冷链物流标准、服务规范和监管保障机制，保障冷链物流农产品畅通高效、安全便捷，扩大高品质市场供给。

从事农产品冷链物流的生产经营者应当依照法律、法规和有关农产品质量安全标准，加强冷链技术创新与应用、质量安全控制，执行对冷链物流农产品及其包装、运输工具、作业环境等的检验检测检疫要求，保证冷链农产品质量安全。

第五章　农产品销售

第三十四条　销售的农产品应当符合农产品质量安全标准。

农产品生产企业、农民专业合作社应当根据质量安全控制要求自行或者委托检测机构对农产品质量安全进行检测；经检测不符合农产品质量安全标准的农产品，应当及时采取管控措施，且不得销售。

农业技术推广等机构应当为农户等农产品生产经营者提供农产品检测技术服务。

第三十五条　农产品在包装、保鲜、储存、运输中所使用的保鲜剂、防腐剂、添加剂、包装材料等，应当符合国家有关强制性标准以及其他农产品质量安全规定。

储存、运输农产品的容器、工具和设备应当安全、无害。禁止将农产品与有毒有害物质一同储存、运输，防止污染农产品。

第三十六条　有下列情形之一的农产品，不得销售：

（一）含有国家禁止使用的农药、兽药或者其他化合物；

（二）农药、兽药等化学物质残留或者含有的重金属等有毒有害物质不符合农产品质量安全标准；

（三）含有的致病性寄生虫、微生物或者生物毒素不符合农产品质量安全标准；

（四）未按照国家有关强制性标准以及其他农产品质量安全规定使用保鲜剂、防腐剂、添加剂、包装材料等，或者使用的保鲜剂、防腐剂、添加剂、包装材料等不符合国家有关强制性标准以及其他质量安全规定；

（五）病死、毒死或者死因不明的动物及其产品；

（六）其他不符合农产品质量安全标准的情形。

对前款规定不得销售的农产品，应当依照法律、法规的规定进行处置。

第三十七条　农产品批发市场应当按照规定设立或者委托检测机构，对进场销售的农产品质量安全状况进行抽查检测；发现不符合农产品质量安全标准的，应当要求销售者立即停止销售，并向所在地市场监督管理、农业农村等部门报告。

农产品销售企业对其销售的农产品，应当建立健全进货检查验收制度；经查验不符合农产品质量安全标准的，不得销售。

食品生产者采购农产品等食品原料，应当依照《中华人民共和国食品安全法》的规定查验许可证和合格证明，对无法提供合格证明的，应当按照规定进行检验。

第三十八条　农产品生产企业、农民专业合作社以及从事农产品收购的单位或者个人销售的农产品，按照规定应当包装或者附加承诺达标合格证等标识的，须经包装或者附加标识后方可销售。包装物或者标识上应当按照规定标明产品的品名、产地、生产者、生产日期、保质期、产品质量等级等内容；使用添加剂的，还应当按照规定标明添加剂的名称。具体办法由国务院农业农村主管部门制定。

第三十九条　农产品生产企业、农民专业合作社应当执行法律、法规的规定和国家有关强制性标准，保证其销售的农产品符合农产品质量安全标准，并根据质量安全控制、检测结果等开具承诺达标合格证，承诺不使用禁用的农药、兽药及其他化合物且使用的常规农药、兽药残留不超标等。鼓励和支持农户销售农产品时开具承诺达标合格证。法律、行政法规对畜禽产品的质量安全合格证明有特别规定的，应当遵守其规定。

从事农产品收购的单位或者个人应当按照规定收取、保存承诺达标合格证或者其他质量安全合格证明，对其收购的农产品进行混装或者分装后销售的，应当按照规定开具承诺达标合格证。

农产品批发市场应当建立健全农产品承诺达标合格证查验等制度。

县级以上人民政府农业农村主管部门应当做好承诺达标合格证有关工作的指导服务，加强日常监督检查。

农产品质量安全承诺达标合格证管理办法由国务院农业农村主管部门会同国务院有关部门制定。

第四十条　农产品生产经营者通过网络平台销售农产品的，应当依照本法和

《中华人民共和国电子商务法》《中华人民共和国食品安全法》等法律、法规的规定，严格落实质量安全责任，保证其销售的农产品符合质量安全标准。网络平台经营者应当依法加强对农产品生产经营者的管理。

第四十一条　国家对列入农产品质量安全追溯目录的农产品实施追溯管理。国务院农业农村主管部门应当会同国务院市场监督管理等部门建立农产品质量安全追溯协作机制。农产品质量安全追溯管理办法和追溯目录由国务院农业农村主管部门会同国务院市场监督管理等部门制定。

国家鼓励具备信息化条件的农产品生产经营者采用现代信息技术手段采集、留存生产记录、购销记录等生产经营信息。

第四十二条　农产品质量符合国家规定的有关优质农产品标准的，农产品生产经营者可以申请使用农产品质量标志。禁止冒用农产品质量标志。

国家加强地理标志农产品保护和管理。

第四十三条　属于农业转基因生物的农产品，应当按照农业转基因生物安全管理的有关规定进行标识。

第四十四条　依法需要实施检疫的动植物及其产品，应当附具检疫标志、检疫证明。

第六章　监督管理

第四十五条　县级以上人民政府农业农村主管部门和市场监督管理等部门应当建立健全农产品质量安全全程监督管理协作机制，确保农产品从生产到消费各环节的质量安全。

县级以上人民政府农业农村主管部门和市场监督管理部门应当加强收购、储存、运输过程中农产品质量安全监督管理的协调配合和执法衔接，及时通报和共享农产品质量安全监督管理信息，并按照职责权限，发布有关农产品质量安全日常监督管理信息。

第四十六条　县级以上人民政府农业农村主管部门应当根据农产品质量安全风险监测、风险评估结果和农产品质量安全状况等，制定监督抽查计划，确定农产品质量安全监督抽查的重点、方式和频次，并实施农产品质量安全风险分级管理。

第四十七条　县级以上人民政府农业农村主管部门应当建立健全随机抽查机制，按照监督抽查计划，组织开展农产品质量安全监督抽查。

农产品质量安全监督抽查检测应当委托符合本法规定条件的农产品质量安全检测机构进行。监督抽查不得向被抽查人收取费用，抽取的样品应当按照市场价格支付费用，并不得超过国务院农业农村主管部门规定的数量。

上级农业农村主管部门监督抽查的同批次农产品，下级农业农村主管部门不得另行重复抽查。

第四十八条　农产品质量安全检测应当充分利用现有的符合条件的检测机构。

从事农产品质量安全检测的机构，应当具备相应的检测条件和能力，由省级以上人民政府农业农村主管部门或者其授权的部门考核合格。具体办法由国务院农业农村主管部门制定。

农产品质量安全检测机构应当依法经资质认定。

第四十九条　从事农产品质量安全检测工作的人员，应当具备相应的专业知识和实际操作技能，遵纪守法，恪守职业道德。

农产品质量安全检测机构对出具的检测报告负责。检测报告应当客观公正，检测数据应当真实可靠，禁止出具虚假检测报告。

第五十条　县级以上地方人民政府农业农村主管部门可以采用国务院农业农村主管部门会同国务院市场监督管理等部门认定的快速检测方法，开展农产品质量安全监督抽查检测。抽查检测结果确定有关农产品不符合农产品质量安全标准的，可以作为行政处罚的证据。

第五十一条　农产品生产经营者对监督抽查检测结果有异议的，可以自收到检测结果之日起五个工作日内，向实施农产品质量安全监督抽查的农业农村主管部门或者其上一级农业农村主管部门申请复检。复检机构与初检机构不得为同一机构。

采用快速检测方法进行农产品质量安全监督抽查检测，被抽查人对检测结果有异议的，可以自收到检测结果时起四小时内申请复检。复检不得采用快速检测方法。

复检机构应当自收到复检样品之日起七个工作日内出具检测报告。

因检测结果错误给当事人造成损害的，依法承担赔偿责任。

第五十二条　县级以上地方人民政府农业农村主管部门应当加强对农产品生产的监督管理，开展日常检查，重点检查农产品产地环境、农业投入品购买和使用、农产品生产记录、承诺达标合格证开具等情况。

国家鼓励和支持基层群众性自治组织建立农产品质量安全信息员工作制度，协助开展有关工作。

第五十三条　开展农产品质量安全监督检查，有权采取下列措施：

（一）进入生产经营场所进行现场检查，调查了解农产品质量安全的有关情况；

（二）查阅、复制农产品生产记录、购销台账等与农产品质量安全有关的资料；

（三）抽样检测生产经营的农产品和使用的农业投入品以及其他有关产品；

（四）查封、扣押有证据证明存在农产品质量安全隐患或者经检测不符合农产品

质量安全标准的农产品;

（五）查封、扣押有证据证明可能危及农产品质量安全或者经检测不符合产品质量标准的农业投入品以及其他有毒有害物质;

（六）查封、扣押用于违法生产经营农产品的设施、设备、场所以及运输工具;

（七）收缴伪造的农产品质量标志。

农产品生产经营者应当协助、配合农产品质量安全监督检查，不得拒绝、阻挠。

第五十四条　县级以上人民政府农业农村等部门应当加强农产品质量安全信用体系建设，建立农产品生产经营者信用记录，记载行政处罚等信息，推进农产品质量安全信用信息的应用和管理。

第五十五条　农产品生产经营过程中存在质量安全隐患，未及时采取措施消除的，县级以上地方人民政府农业农村主管部门可以对农产品生产经营者的法定代表人或者主要负责人进行责任约谈。农产品生产经营者应当立即采取措施，进行整改，消除隐患。

第五十六条　国家鼓励消费者协会和其他单位或者个人对农产品质量安全进行社会监督，对农产品质量安全监督管理工作提出意见和建议。任何单位和个人有权对违反本法的行为进行检举控告、投诉举报。

县级以上人民政府农业农村主管部门应当建立农产品质量安全投诉举报制度，公开投诉举报渠道，收到投诉举报后，应当及时处理。对不属于本部门职责的，应当移交有权处理的部门并书面通知投诉举报人。

第五十七条　县级以上地方人民政府农业农村主管部门应当加强对农产品质量安全执法人员的专业技术培训并组织考核。不具备相应知识和能力的，不得从事农产品质量安全执法工作。

第五十八条　上级人民政府应当督促下级人民政府履行农产品质量安全职责。对农产品质量安全责任落实不力、问题突出的地方人民政府，上级人民政府可以对其主要负责人进行责任约谈。被约谈的地方人民政府应当立即采取整改措施。

第五十九条　国务院农业农村主管部门应当会同国务院有关部门制定国家农产品质量安全突发事件应急预案，并与国家食品安全事故应急预案相衔接。

县级以上地方人民政府应当根据有关法律、行政法规的规定和上级人民政府的农产品质量安全突发事件应急预案，制定本行政区域的农产品质量安全突发事件应急预案。

发生农产品质量安全事故时，有关单位和个人应当采取控制措施，及时向所在地乡镇人民政府和县级人民政府农业农村等部门报告;收到报告的机关应当按照农产品质量安全突发事件应急预案及时处理并报本级人民政府、上级人民政府有关部门。发生重大农产品质量安全事故时，按照规定上报国务院及其有关部门。

任何单位和个人不得隐瞒、谎报、缓报农产品质量安全事故，不得隐匿、伪造、毁灭有关证据。

第六十条　县级以上地方人民政府市场监督管理部门依照本法和《中华人民共和国食品安全法》等法律、法规的规定，对农产品进入批发、零售市场或者生产加工企业后的生产经营活动进行监督检查。

第六十一条　县级以上人民政府农业农村、市场监督管理等部门发现农产品质量安全违法行为涉嫌犯罪的，应当及时将案件移送公安机关。对移送的案件，公安机关应当及时审查；认为有犯罪事实需要追究刑事责任的，应当立案侦查。

公安机关对依法不需要追究刑事责任但应当给予行政处罚的，应当及时将案件移送农业农村、市场监督管理等部门，有关部门应当依法处理。

公安机关商请农业农村、市场监督管理、生态环境等部门提供检验结论、认定意见以及对涉案农产品进行无害化处理等协助的，有关部门应当及时提供、予以协助。

第七章　法律责任

第六十二条　违反本法规定，地方各级人民政府有下列情形之一的，对直接负责的主管人员和其他直接责任人员给予警告、记过、记大过处分；造成严重后果的，给予降级或者撤职处分：

（一）未确定有关部门的农产品质量安全监督管理工作职责，未建立健全农产品质量安全工作机制，或者未落实农产品质量安全监督管理责任；

（二）未制定本行政区域的农产品质量安全突发事件应急预案，或者发生农产品质量安全事故后未按照规定启动应急预案。

第六十三条　违反本法规定，县级以上人民政府农业农村等部门有下列行为之一的，对直接负责的主管人员和其他直接责任人员给予记大过处分；情节较重的，给予降级或者撤职处分；情节严重的，给予开除处分；造成严重后果的，其主要负责人还应当引咎辞职：

（一）隐瞒、谎报、缓报农产品质量安全事故或者隐匿、伪造、毁灭有关证据；

（二）未按照规定查处农产品质量安全事故，或者接到农产品质量安全事故报告未及时处理，造成事故扩大或者蔓延；

（三）发现农产品质量安全重大风险隐患后，未及时采取相应措施，造成农产品质量安全事故或者不良社会影响；

（四）不履行农产品质量安全监督管理职责，导致发生农产品质量安全事故。

第六十四条　县级以上地方人民政府农业农村、市场监督管理等部门在履行农产品质量安全监督管理职责过程中，违法实施检查、强制等执法措施，给农产品生产经营者造成损失的，应当依法予以赔偿，对直接负责的主管人员和其他直接责任人员依法给予处分。

第六十五条　农产品质量安全检测机构、检测人员出具虚假检测报告的，由县级以上人民政府农业农村主管部门没收所收取的检测费用，检测费用不足一万元的，并处五万元以上十万元以下罚款，检测费用一万元以上的，并处检测费用五倍以上十倍以下罚款；对直接负责的主管人员和其他直接责任人员处一万元以上五万元以下罚款；使消费者的合法权益受到损害的，农产品质量安全检测机构应当与农产品生产经营者承担连带责任。

因农产品质量安全违法行为受到刑事处罚或者因出具虚假检测报告导致发生重大农产品质量安全事故的检测人员，终身不得从事农产品质量安全检测工作。农产品质量安全检测机构不得聘用上述人员。

农产品质量安全检测机构有前两款违法行为的，由授予其资质的主管部门或者机构吊销该农产品质量安全检测机构的资质证书。

第六十六条　违反本法规定，在特定农产品禁止生产区域种植、养殖、捕捞、采集特定农产品或者建立特定农产品生产基地的，由县级以上地方人民政府农业农村主管部门责令停止违法行为，没收农产品和违法所得，并处违法所得一倍以上三倍以下罚款。

违反法律、法规规定，向农产品产地排放或者倾倒废水、废气、固体废物或者其他有毒有害物质的，依照有关环境保护法律、法规的规定处理、处罚；造成损害的，依法承担赔偿责任。

第六十七条　农药、肥料、农用薄膜等农业投入品的生产者、经营者、使用者未按照规定回收并妥善处置包装物或者废弃物的，由县级以上地方人民政府农业农村主管部门依照有关法律、法规的规定处理、处罚。

第六十八条　违反本法规定，农产品生产企业有下列情形之一的，由县级以上地方人民政府农业农村主管部门责令限期改正；逾期不改正的，处五千元以上五万元以下罚款：

（一）未建立农产品质量安全管理制度；

（二）未配备相应的农产品质量安全管理技术人员，且未委托具有专业技术知识的人员进行农产品质量安全指导。

第六十九条　农产品生产企业、农民专业合作社、农业社会化服务组织未依照本法规定建立、保存农产品生产记录，或者伪造、变造农产品生产记录的，由县级以上地方人民政府农业农村主管部门责令限期改正；逾期不改正的，处二千元以上二万元以下罚款。

第七十条　违反本法规定，农产品生产经营者有下列行为之一，尚不构成犯罪的，由县级以上地方人民政府农业农村主管部门责令停止生产经营、追回已经销售的农产品，对违法生产经营的农产品进行无害化处理或者予以监督销毁，没收违法所得，并可以没收用于违法生产经营的工具、设备、原料等物品；违法生产经营的农产品货值金额不足一万元的，并处十万元以上十五万元以下罚款，货值金额一万元以上的，并处货值金额十五倍以上三十倍以下罚款；对农户，并处一千元以上一万元以下罚款；情节严重的，有许可证的吊销许可证，并可以由公安机关对其直接负责的主管人员和其他直接责任人员处五日以上十五日以下拘留：

（一）在农产品生产经营过程中使用国家禁止使用的农业投入品或者其他有毒有害物质；

（二）销售含有国家禁止使用的农药、兽药或者其他化合物的农产品；

（三）销售病死、毒死或者死因不明的动物及其产品。

明知农产品生产经营者从事前款规定的违法行为，仍为其提供生产经营场所或者其他条件的，由县级以上地方人民政府农业农村主管部门责令停止违法行为，没收违法所得，并处十万元以上二十万元以下罚款；使消费者的合法权益受到损害的，应当与农产品生产经营者承担连带责任。

第七十一条　违反本法规定，农产品生产经营者有下列行为之一，尚不构成犯罪的，由县级以上地方人民政府农业农村主管部门责令停止生产经营、追回已经销售的农产品，对违法生产经营的农产品进行无害化处理或者予以监督销毁，没收违法所得，并可以没收用于违法生产经营的工具、设备、原料等物品；违法生产经营的农产品货值金额不足一万元的，并处五万元以上十万元以下罚款，货值金额一万元以上的，并处货值金额十倍以上二十倍以下罚款；对农户，并处五百元以上五千元以下罚款：

（一）销售农药、兽药等化学物质残留或者含有的重金属等有毒有害物质不符合农产品质量安全标准的农产品；

（二）销售含有的致病性寄生虫、微生物或者生物毒素不符合农产品质量安全标准的农产品；

（三）销售其他不符合农产品质量安全标准的农产品。

第七十二条　违反本法规定，农产品生产经营者有下列行为之一的，由县级以上地方人民政府农业农村主管部门责令停止生产经营、追回已经销售的农产品，对违法生产经营的农产品进行无害化处理或者予以监督销毁，没收违法所得，并可以没收用于违法生产经营的工具、设备、原料等物品；违法生产经营的农产品货值金额不足一万元的，并处五千元以上五万元以下罚款，货值金额一万元以上的，并处货值金额五倍以上十倍以下罚款；对农户，并处三百元以上三千元以下罚款：

（一）在农产品生产场所以及生产活动中使用的设施、设备、消毒剂、洗涤剂等不符合国家有关质量安全规定；

（二）未按照国家有关强制性标准或者其他农产品质量安全规定使用保鲜剂、防腐剂、添加剂、包装材料等，或者使用的保鲜剂、防腐剂、添加剂、包装材料等不符合国家有关强制性标准或者其他质量安全规定；

（三）将农产品与有毒有害物质一同储存、运输。

第七十三条　违反本法规定，有下列行为之一的，由县级以上地方人民政府农业农村主管部门按照职责给予批评教育，责令限期改正；逾期不改正的，处一百元以上一千元以下罚款：

（一）农产品生产企业、农民专业合作社、从事农产品收购的单位或者个人未按照规定开具承诺达标合格证；

（二）从事农产品收购的单位或者个人未按照规定收取、保存承诺达标合格证或者其他合格证明。

第七十四条　农产品生产经营者冒用农产品质量标志，或者销售冒用农产品质量标志的农产品的，由县级以上地方人民政府农业农村主管部门按照职责责令改正，没收违法所得；违法生产经营的农产品货值金额不足五千元的，并处五千元以上五万元以下罚款，货值金额五千元以上的，并处货值金额十倍以上二十倍以下罚款。

第七十五条　违反本法关于农产品质量安全追溯规定的，由县级以上地方人民政府农业农村主管部门按照职责责令限期改正；逾期不改正的，可以处一万元以下罚款。

第七十六条　违反本法规定，拒绝、阻挠依法开展的农产品质量安全监督检查、事故调查处理、抽样检测和风险评估的，由有关主管部门按照职责责令停产停业，并处二千元以上五万元以下罚款；构成违反治安管理行为的，由公安机关依法给予治安管理处罚。

第七十七条　《中华人民共和国食品安全法》对食用农产品进入批发、零售市场或者生产加工企业后的违法行为和法律责任有规定的，由县级以上地方人民政府市场监督管理部门依照其规定进行处罚。

第七十八条　违反本法规定，构成犯罪的，依法追究刑事责任。

第七十九条　违反本法规定，给消费者造成人身、财产或者其他损害的，依法承担民事赔偿责任。生产经营者财产不足以同时承担民事赔偿责任和缴纳罚款、罚金时，先承担民事赔偿责任。

食用农产品生产经营者违反本法规定，污染环境、侵害众多消费者合法权益，损害社会公共利益的，人民检察院可以依照《中华人民共和国民事诉讼法》《中华人民共和国行政诉讼法》等法律的规定向人民法院提起诉讼。

第八章　附则

第八十条　粮食收购、储存、运输环节的质量安全管理，依照有关粮食管理的法律、行政法规执行。

第八十一条　本法自 2023 年 1 月 1 日起施行。

第二节　相关标准

一、《食品安全国家标准　食品中兽药最大残留限量》（GB 31650—2019）

兽药名称	兽药分类	ADI［μg/（kg·bw）］
阿苯达唑	抗线虫药	0~50
双甲脒	杀虫药	0~3
阿莫西林	β-内酰胺类抗生素	0~2，微生物学 ADI
氨苄西林	β-内酰胺类抗生素	0~3，微生物学 ADI
氨丙啉	抗球虫药	0~100
安普霉素	氨基糖苷类抗生素	0~25
氨苯胂酸/洛克沙胂	合成抗菌药	
阿维菌素	抗线虫药	0~2
阿维拉霉素	寡糖类抗生素	0~2 000
氮哌酮	镇静剂	0~6
杆菌肽	多肽类抗生素	0~50
青霉素/普鲁卡因青霉素	β-内酰胺类抗生素	0~30μg enicillin/（人·d）
倍他米松	糖皮质激素类药	0~0.015
卡拉洛尔	抗肾上腺素类药	0~0.1
头孢氨苄	头孢菌素类抗生素	0~54.4
头孢喹肟	头孢菌素类抗生素	0~3.8

兽药名称	兽药分类	ADI［μg/（kg·bw）］
头孢噻呋	头孢菌素类抗生素	0~50
克拉维酸	β-内酰胺酶抑制剂	0~50
氯羟吡啶	抗球虫药	
氯氰碘柳胺	抗吸虫药	0~30
氯唑西林	β-内酰胺类抗生素	0~200
黏菌素	多肽类抗生素	0~7
氟氯氰菊酯	杀虫药	0~20
三氟氯氰菊酯	杀虫药	0~5
氯氰菊酯/α-氯氰菊酯	杀虫药	0~20
环丙氨嗪	杀虫药	0~20
达氟沙星	喹诺酮类合成抗菌药	0~20
癸氧喹酯	抗球虫药	0~75
溴氰菊酯	杀虫药	0~10
越霉素A	抗线虫药	
地塞米松	糖皮质激素类药	0~0.015
二嗪农	杀虫药	0~2
敌敌畏	杀虫药	0~4
地克珠利	抗球虫药	0~30
地昔尼尔	驱虫药	0~7
二氟沙星	喹诺酮类合成抗菌药	0~10
三氮脒	抗锥虫药	0~100
二硝托胺	抗球虫药	
多拉菌素	抗线虫药	0~1
多西环素	四环素类抗生素	0~3
恩诺沙星	喹诺酮类合成抗菌药	0~6.2
乙酰氨基阿维菌素	抗线虫药	0~10
红霉素	大环内酯类抗生素	0~0.7
乙氧酰胺苯甲酯	抗球虫药	
非班太尔/芬苯达唑/奥芬达唑	抗线虫药	0~7
倍硫磷	杀虫药	0~7
氰戊菊酯	杀虫药	0~20
氟苯尼考	酰胺醇类抗生素	0~3
氟佐隆	驱虫药	0~40
氟苯达唑	抗线虫药	0~12
醋酸氟孕酮	性激素类药	0~0.03
氟甲喹	喹诺酮类合成抗菌药	0~30
氟氯苯氰菊酯	杀虫药	0~1.8
氟胺氰菊酯	杀虫药	0~0.5

（续表）

兽药名称	兽药分类	ADI［μg/（kg·bw）］
庆大霉素	氨基糖苷类抗生素	0~20
常山酮	抗球虫药	0~0.3
咪多卡	抗梨形虫药	0~10
氮氨菲啶	抗锥虫药	0~100
伊维菌素	抗线虫药	0~10
卡那霉素	氨基糖苷类抗生素	0~8，微生物学 ADI
吉他霉素	大环内酯类抗生素	0~500
拉沙洛西	抗球虫药	0~10
左旋咪唑	抗线虫药	0~6
林可霉素	林可胺类抗生素	0~30
马度米星铵	抗球虫药	0~1
马拉硫磷	杀虫药	0~300
甲苯咪唑	抗线虫药	0~12.5
安乃近	解热镇痛抗炎药	0~10
莫能菌素	抗球虫药	0~10
莫昔克丁	抗线虫药	0~2
甲基盐霉素	抗球虫药	0~5
新霉素	氨基糖苷类抗生素	0~60
尼卡巴嗪	抗球虫药	0~400
硝碘酚腈	抗吸虫药	0~5
喹乙醇	合成抗菌药	0~3
苯唑西林	β-内酰胺类抗生素	
奥苯达唑	抗线虫药	0~60
噁喹酸	喹诺酮类合成抗菌药	0~2.5
土霉素、金霉素、四环素	四环素类抗生素	0~30
辛硫磷	杀虫药	0~4
哌嗪	抗线虫药	0~250
吡利霉素	林可胺类抗生素	0~8
巴胺磷	杀虫药	0~0.5
碘醚柳胺	抗吸虫药	0~2
氯苯胍	抗球虫药	0~5
盐霉素	抗球虫药	0~5
沙拉沙星	喹诺酮类合成抗菌药	0~0.3
赛杜霉素	抗球虫药	0~180
大观霉素	氨基糖苷类抗生素	0~40
螺旋霉素	大环内酯类抗生素	0~50
链霉素/双氢链霉素	氨基糖苷类抗生素	0~50
磺胺二甲嘧啶	磺胺类合成抗菌药	0~50

（续表）

兽药名称	兽药分类	ADI［μg/（kg·bw）］
磺胺类	磺胺类合成抗菌药	0~50
噻苯达唑	抗线虫药	0~100
甲砜霉素	酰胺醇类抗生素	0~5
泰妙菌素	抗生素	0~30
替米考星	大环内酯类抗生素	0~40
托曲珠利	抗球虫药	0~2
敌百虫	抗线虫药	0~2
三氯苯达唑	抗吸虫药	0~3
甲氧苄啶	抗菌增效剂	0~4.2
泰乐菌素	大环内酯类抗生素	0~30
泰万菌素	大环内酯类抗生素	0~2.07
维吉尼亚霉素	多肽类抗生素	0~250
醋酸	/	/
安络血	/	/
氢氧化铝	/	/
氯化铵	/	/
青蒿琥酯	/	/
阿司匹林	/	/
阿托品	/	/
甲基吡啶磷	/	/
苯扎溴铵	/	/
小檗碱	/	/
甜菜碱	/	/
碱式碳酸铋	/	/
碱式硝酸铋	/	/
硼砂	/	/
硼酸及其盐	/	/
咖啡因	/	/
硼葡萄糖酸钙	/	/
碳酸钙	/	/
氯化钙	/	/
葡萄糖酸钙	/	/
磷酸氢钙	/	/
次氯酸钙	/	/
泛酸钙	/	/
过氧化钙	/	/
磷酸钙	/	/
硫酸钙	/	/

（续表）

兽药名称	兽药分类	ADI ［μg/ （kg · bw）］
樟脑	/	/
氯己定	/	/
含氯石灰	/	/
亚氯酸钠	/	/
氯甲酚	/	/
胆碱	/	/
枸橼酸	/	/
氯前列醇	/	/
硫酸铜	/	/
可的松	/	/
甲酚	/	/
癸甲溴铵	/	/
二巯基丙醇	/	/
二甲硅油	/	/
度米芬	/	/
干酵母	/	/
肾上腺素	/	/
马来酸麦角新碱	/	/
酚磺乙胺	/	/
乙醇	/	/
硫酸亚铁	/	/
氟轻松	/	/
叶酸	/	/
促卵泡激素（各种动物天然 FSH 及其化学合成类似物）	/	/
甲醛	/	/
甲酸	/	/
明胶	/	/
葡萄糖	/	/
戊二醛	/	/
甘油	/	/
垂体促性腺激素释放激素	/	/
月苄三甲氯铵	/	/
绒促性素	/	/
盐酸	/	/
氢氯噻嗪	/	/
氢化可的松	/	/
过氧化氢	/	/

兽药名称	兽药分类	ADI［μg/（kg·bw）］
鱼石脂	/	/
苯噁唑	/	/
碘和碘无机化合物包括：碘化钠和钾、碘酸钠和钾	/	/
右旋糖酐铁	/	/
白陶土	/	/
氯胺酮	/	/
乳酶生	/	/
乳酸	/	/
利多卡因	/	/
促黄体激素（各种动物天然LH及其化学合成类似物）	/	/
氯化镁	/	/
氧化镁	/	/
硫酸镁	/	/
甘露醇	/	/
药用炭	/	/
甲萘醌	/	/
蛋氨酸碘	/	/
亚甲蓝	/	/
萘普生	/	/
新斯的明	/	/
中性电解氧化水	/	/
烟酰胺	/	/
烟酸	/	/
去甲肾上腺素	/	/
辛氨乙甘酸	/	/
缩宫素	/	/
对乙酰氨基酚	/	/
石蜡	/	/
胃蛋白酶	/	/
过氧乙酸	/	/
苯酚	/	/
聚乙二醇	/	/
吐温-80	/	/
垂体后叶	/	/
硫酸铝钾	/	/
氯化钾	/	/

（续表）

兽药名称	兽药分类	ADI［μg/（kg·bw）］
高锰酸钾	/	/
过硫酸氢钾	/	/
硫酸钾	/	/
聚维酮碘	/	/
碘解磷定	/	/
吡喹酮	/	/
普鲁卡因	/	/
黄体酮	/	/
双羟萘酸噻嘧啶	/	/
溶葡萄球菌酶	/	/
水杨酸	/	/
东莨菪碱	/	/
血促性素	/	/
碳酸氢钠	/	/
溴化钠	/	/
氯化钠	/	/
二氯异氰脲酸钠	/	/
二巯丙磺钠	/	/
氢氧化钠	/	/
乳酸钠	/	/
亚硝酸钠	/	/
过硼酸钠	/	/
过碳酸钠	/	/
高碘酸钠	/	/
焦亚硫酸钠	/	/
水杨酸钠	/	/
亚硒酸钠	/	/
硬脂酸钠	/	/
硫酸钠	/	/
硫代硫酸钠	/	/
软皂	/	/
脱水山梨醇三油酸酯（司盘85）	/	/
山梨醇	/	/
士的宁	/	/
愈创木酚磺酸钾	/	/
硫	/	/
丁卡因	/	/

兽药名称	兽药分类	ADI［μg／（kg·bw）］
硫喷妥钠	/	/
维生素 A	/	/
维生素 B_1	/	/
维生素 B_{12}	/	/
维生素 B_2	/	/
维生素 B_6	/	/
维生素 C	/	/
维生素 D	/	/
维生素 E	/	/
维生素 K_1	/	/
赛拉嗪	/	/
赛拉唑	/	/
氧化锌	/	/
硫酸锌	/	/
氯丙嗪	/	/
地西泮（安定）	/	/
地美硝唑	/	/
苯甲酸雌二醇	/	/
潮霉素 B	/	/
甲硝唑	/	/
苯丙酸诺龙	/	/
丙酸睾酮	/	/

二、《食品安全国家标准 食品中 41 种兽药最大残留限量》（GB 31650.1—2022）

兽药名称	兽药分类	ADI［μg/（kg·bw）］
烯丙孕素	性激素类药	0~0.2
阿莫西林	β-内酰胺类抗生素	0~2，微生物学 ADI
氨苄西林	β-内酰胺类抗生素	0~3，微生物学 ADI
安普霉素	氨基糖苷类抗生素	0~25
阿司匹林	解热镇痛抗炎药	/
阿维拉霉素	寡糖类抗生素	0~2 000
青霉素/普鲁卡因青霉素	β-内酰胺类抗生素	0~30μg penicillin/（人·d）

（续表）

兽药名称	兽药分类	ADI［μg/（kg·bw）］
氯唑西林	β-内酰胺类抗生素	0~200
达氟沙星	喹诺酮类合成抗菌药	0~20
得曲恩特	抗寄生虫药	0~0.3
地克珠利	抗球虫药	0~30
双氯芬酸	解热镇痛抗炎药	0~0.5
二氟沙星	喹诺酮类合成抗菌药	0~10
多西环素	四环素类抗生素	0~3
因灭汀	杀虫药	0~0.5
恩诺沙星	喹诺酮类合成抗菌药	0~6.2
氟苯尼考	酰胺醇类抗生素	0~3
氟甲喹	喹诺酮类合成抗菌药	0~30
氟尼辛	解热镇痛抗炎药	0~6
加米霉素	大环内酯类抗生素	0~10
卡那霉素	氨基糖苷类抗生素	0~8，微生物学 ADI
左旋咪唑	抗线虫药	0~6
洛美沙星	喹诺酮类合成抗菌药	0~25
氯芬新	杀虫药	0~20
马波沙星	喹诺酮类合成抗菌药	0~4.5
美洛昔康	解热镇痛抗炎药	0~75
莫奈太尔	抗寄生虫药	0~20
诺氟沙星	喹诺酮类合成抗菌药	0~14
氧氟沙星	喹诺酮类合成抗菌药	0~5
苯唑西林	β-内酰胺类抗生素	/
噁喹酸	喹诺酮类合成抗菌药	0~2.5
培氟沙星	喹诺酮类合成抗菌药	/
沙拉沙星	喹诺酮类合成抗菌药	0~0.3
磺胺二甲嘧啶	磺胺类合成抗菌药	0~50
磺胺类	磺胺类合成抗菌药	0~50
氟苯脲	杀虫药	0~5
甲砜霉素	酰胺醇类抗生素	0~5
替米考星	大环内酯类抗生素	0~40
托曲珠利	抗球虫药	0~2
甲氧苄啶	抗菌增效剂	0~4.2
泰拉霉素	大环内酯类抗生素	0~50

第三节　技术文件

一、《化学品风险评估通则》（GB/T 34708—2017）

1　范围

本标准规定了化学品风险评估的原则、程序、基本内容和一般要求。本标准适用于化学品的风险评估。

2　术语、定义和缩略语

2.1　术语和定义　下列术语和定义适用于本文件。

2.1.1　危害　hazard

危险化学品对生物体、系统或（亚）种群暴露后可能会引起不良效应的固有特性。

2.1.2　风险　risk

在特定环境下，对生物体、系统或（亚）种群暴露于某种化学品所产生不良影响的可能性。

2.1.3　风险评估　risk assessment

特定化学品暴露条件下，对靶标生物体、系统或（亚）种群产生风险及其不确定性的计算或估计过程。

注：风险评估的过程包括四个步骤：危害识别、危害表征、暴露评估以及风险表征。风险评估需考虑到化学品的内在特性以及特定靶标生物系统的特性。

2.1.4　危害评估　hazard assessment

确定生物体、系统或（亚）种群暴露于某化学品时引起潜在危害的过程。

注：危害评估过程包括危害识别和危害表征。危害评估关注危害，与风险评估相比，不包含暴露评估和风险表征的内容。

2.1.5　危害识别　hazard identification

对化学品所具有的潜在的、能够引起生物体、系统或（亚）种群产生不良影响的类型和性质的识别。

注：危害识别是危害评估过程中的第一阶段，也是风险评估四个步骤中的第一步。

2.1.6　危害表征　hazard characterization

定性或定量（如果可行）描述一种化学品可能引起潜在危害影响的固有特性。

注：危害表征包括剂量-反应评估以及伴随的不确定性。危害表征是危害评估的第二阶段，也是风险评估四个步骤中的第二步。

2.1.7 暴露评估 exposure assessment

对生物体、系统或（亚）种群暴露于化学品（以及其衍生物）的评估。

注：暴露评估是风险评估过程中的第三步。

2.1.8 风险表征 risk characterization

对于化学品在特定暴露条件下对生物体、系统或（亚）种群产生已知/潜在不良影响概率及其不确定性的定性或定量决定。

注：风险表征是风险评估四个步骤中的第四步。

2.1.9 不确定性 uncertainty

对所研究生物体、系统或（亚）种群目前或未来状况方面的不完整信息。

2.2 缩略语

下列缩略语适用于本文件。

DNELs：推定无效应水平（derived no effect level）

LOAEL：观察到损害作用的最低剂量（Lowest observed adverse effect level）

NEL：无效应水平（no effect level）

NOAEL：未观察到损害作用的剂量（no observed adverse effect level）

NOEL：未观察到作用剂量（no observed effect level）

PEC：预测环境浓度（predicted environmental concentration）

PNEC：预期无效应浓度（predicted no effect concentration）

TDI：每日允许摄入量（tolerable daily intake）

TLV：阈限值（threshold limit value）

3 原则

3.1 信息有效

评估前应广泛收集相关信息，评估时应使用现有可获取的最合理可信的科学信息，并确保信息的可靠、相关、适用和及时。

3.2 全面评估

评估时应考虑到所有可能的危害（例如急性和慢性的风险，癌症和非癌症的风险，对人类健康和环境的风险等）。使用定性、定量或两者相结合的方式开展评估，当可获得适宜数据时应优先考虑定量评估方法。除了考虑对所有人群的风险，还应针对特别易受到该类风险和/或可能更高程度暴露的易感/高危人群。

3.3 综合衡量

评估应考虑到科技和知识发展水平，基于现有科学数据/信息，同时还应考虑到相关管理法规。

4 程序

化学品风险评估主要包括危害识别、危害表征、暴露评估和风险表征四个步骤。其中危害识别、危害表征同属危害评估范畴。

化学品风险评估技术流程见图1。

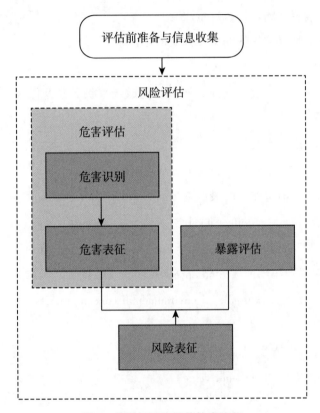

图1 化学品风险评估技术流程

5 基本步骤和要求

5.1 评估前准备与信息收集 评估前应确定风险评估的范围，了解相关信息，并确定预期目标。

应了解的信息主要包括：理化性质、健康危害与环境危害信息、用途、可能的暴露途径、使用数量等。

相关信息；国内外相关法律法规、标准、公开发表的文献、专家经验等信息。

5.2 风险评估

5.2.1 暴露评估

5.2.1.1 暴露评估包括环境（水环境、陆生环境和空气）或人群（即工人、消费者或通过环境非直接接触的人）暴露或可能暴露于化学品的评估，包括暴露量、频率、周期、持续时间、途径等。

5.2.1.2 开展暴露评估时，通常是先建立一种或多种暴露场景，然后在该暴露场景描述的使用条件下，对不同的暴露途径进行暴露评估。建立暴露场景（明确化学品生产和使用条件的相关信息）对于暴露水平的确定至关重要。暴露评估应涵盖与危害评估中确认的与化学品危险相关的所有暴露，包括化学品的生产和所有已确定用途和考虑到与此相关全部生命周期的各个阶段，且对于每一个暴露场景都应该确定暴露的水平。

5.2.1.3 可能暴露于化学品的人群通常分为以下三类，其预期的暴露途径与特征见表1。

表1 预期的暴露途径与特征

暴露人群类别	暴露途径	暴露时间	备注
工人（职业性暴露）	通常为吸入和经皮暴露	工作时间（例如每天8h，每周5d）	该部分是总人群中相对健康的人群
消费者（暴露于零售的消费产品）	经口、吸入和/或经皮暴露	间断地暴露，需要估算	可能难以很好地控制该部分人群的暴露
经由环境间接暴露的人群	经口、吸入和/或经皮暴露	每天24h，每年365d	该部分包括了弱小和不健康的人群，例如儿童和老人

5.2.1.4 对于环境暴露评估，应特别考虑到化学品排放的类型（即点源排放、面源排放、连续排放、半连续排放或间断排放），因为这对该化学品暴露于环境的持续时间和频率具有重要影响。如果有监测数据，通常应优先使用监测数据进行估算。

5.2.1.5 对于经由环境间接暴露于人的暴露评估，通常遵循以下程序进行：

a. 评估接触物食物、水、空气和土壤中化学品的浓度；

b. 评估每种介质的摄入率；

c. 根据各种介质中化学品的浓度和摄入情况（如有必要，考虑摄入途径的生物可利用性因素），确定摄入量。

5.2.1.6 通常，对人类的暴露可通过有代表性的监测数据和/或通过基于类似用途、暴露模式或特性化学品信息的模型计算来评估。在估算排放情况和潜在的人体暴露、评价毒性测试方案以及分析不同暴露途径下化学品的吸附程度时，应考虑到该化学品的物理-化学性质（例如蒸气压、pH 值和正辛醇/水分配系数）。在估算化学品对人体的暴露时，应考虑到该化学品的活性数据。

5.2.1.7　暴露数据的可靠性取决于所用技术的适宜性，以及取样、分析和制定方案的质量与策略。对于最佳的以及最可靠的数据，应给予额外的权重。当获得数据的质量不佳时，通常基于极端保守的假设来开展评估。

5.2.2　危害识别

5.2.2.1　危害识别包括了解其健康危害和环境危害数据（流行病学调查数据、临床研究数据、实验室数据），以及结构-活性关系信息等。

5.2.2.2　化学品危害（危险）的类别如下。

a）物理危险：爆炸物；易燃气体；气溶胶；氧化性气体；加压气体；易燃液体；易燃固体；自反应物质和混合物；自燃液体；自燃固体；自热物质和混合物；遇水放出易燃气体的物质和混合物；氧化性液体；氧化性固体；有机过氧化物；金属腐蚀物。

b）健康危害：急性毒性；皮肤腐蚀/刺激；严重眼损伤/眼刺激；呼吸道或皮肤致敏；生殖细胞致突变性；致癌性；生殖毒性；特异性靶器官毒性——一次接触；特异性靶器官毒性——反复接触；吸入危害。

c）环境危害：对水生环境的危害；对臭氧层的危害。

5.2.2.3　对于物理、化学毒理学特性及环境毒理学信息可从大量的数据库中获取的化学品，这些信息可用于根据其危害类型和程度进行的化学品分类。化学品的分类信息是危害信息的重要来源，通常可从产品的安全技术说明书或者化学品的标签和安全技术说明书上获取。

5.2.2.4　对于其危害信息较难获取，且其潜在的伤害可能需要用多种方法评价得到的化学品，通过科学文献、科学观察、试验研究以及基于物理特性和结构-活性关系来推断。

5.2.2.5　危害识别所需的信息主要来源如下：

a. 安全技术说明书制造商或供应商提供的化学品安全技术说明书（SDS）或标签；

b. 试验/检测；

c. 已发布的法规和标准；

d. 科学技术资料；

e. 事故报告；

f. 专家意见；

g. 其他。

5.2.3 危害表征

5.2.3.1 危害表征包括选择关键数据集，确定危害行为的模式/机制、剂量反应（效应）关系等。

5.2.3.2 物理效应（例如燃烧或爆炸）相对较容易确定，而由于人类相关数据有限，毒理学效应则很难确定，通常用下列方法得到：

a. 人类观察数据，包括案例报告、流行病学研究，以及在某些情况下的人体试验；

b. 动物/植物毒性试验；

c. 结构-活性关系评估。

5.2.3.3 对于大部分化学品，其动物试验研究推导出的 NELs 可转化为用于预测或评估人体健康或环境的 NELs（PNECs 或 DNELs），通常采用大小为 10~10 000 的不确定系数。

5.2.4 风险表征

5.2.4.1 风险表征根据化学品的实际或预期暴露，对人群或环境可能产生不良危害的发生率和严重性的估算，包括风险的发生概率、风险的严重程度、涉及的种群以及其不确定性。

5.2.4.2 评估环境风险通过比较 PNEC 值与 PEC 值来进行。如果 PEC 值大于 PNEC 值，则表明该化学品可能会产生环境风险，并用风险系数（PEC/PNEC 的比值）来衡量风险发生的可能性。反之则表明该化学品的环境风险"已得到控制"，其环境风险可以接受。

5.2.4.3 评估人类健康风险一般通过比较人群暴露水平与预期无毒性效应的水平来进行，主要是将暴露评估中得到的暴露水平与 NOAEL 或其他参考值相比较，例如 TDI 或 TLV。如无法获取 NOAEL 值，可用 LOAEL 或 NOEL 替代。如 NOAEL、LOAEL 和 NOEL 值均无法获取，则对风险发生的可能性进行定性评价。

5.2.4.4 如果风险表征结果表明该风险"已得到控制"，则可在该阶段停止评估；反之则应对评估过程进行迭代，可通过修正评估信息或者引进风险降低措施等方式来进行。

5.3 不确定性

评估过程中，由于现有科学研究情况下某些化学品的信息不足或不明确，并且存在数据缺失，最终得到风险评估的结果有一定的不确定性。主要包括来源于危害评估中使用的理化参数和危害特性参数的不确定性，以及来源于暴露评估中使用的暴露模型、暴露场景的各种假设、所用的测量值和测量方法等的不确定性。

5.4 风险评估报告

化学品风险评估报告格式主要内容包括：

a. 风险评估结论；

b. 化学品基本信息；

c. 基本的暴露信息；

d. 化学品的环境风险；

e. 化学品的健康风险；

f. 参考文献等。

二、《奶牛养殖场生乳中病原微生物风险评估技术规范》（NY/T 4293—2023）

1 范围

本文件规定了奶牛养殖场生乳中病原微生物风险评估的工作流程、危害识别、风险监测和风险分级等要求。

本文件适用于奶牛养殖场生乳中病原微生物的风险评估。

2 规范性引用文件

下列文件中的内容通过文中的规范性引用而构成本文件必不可少的条款。其中，注日期的引用文件，仅该日期对应的版本适用于本文件；不注日期的引用文件，其最新版本（包括所有的修改单）适用于本文件。

GB 4789.4 食品安全国家标准 食品微生物学检验 沙门氏菌检验

GB 4789.6 食品安全国家标准 食品微生物学检验 致泻大肠埃希氏菌检验

GB 4789.14 食品安全国家标准 食品微生物学检验 蜡样芽孢杆菌检验

GB 4789.30 食品安全国家标准 食品微生物学检验 单核细胞增生李斯特氏菌检验

GB 4789.36 食品安全国家标准 食品微生物学检验 大肠埃希氏菌 O157：H7/NM 检验

GB 5749 生活饮用水卫生标准

GB/T 18646 动物布鲁氏菌病诊断技术

GB/T 2763 副结核分枝杆菌实时荧光 PCR 检测方法

NY/T 2962 奶牛乳房炎乳汁中金黄色葡萄球菌、凝固酶阴性葡萄球菌、无孔链球菌分离鉴定方法

NY/T 3234 牛支原体 PCR 检测方法

SN/T 2101 出口乳及乳制品中结核分枝杆菌检测方法荧光定量 PCR 法

3 术语和定义

下列术语和定义适用下本文件。

3.1 风险分级 risk classification

基于奶牛养殖场生乳生产过程中病原微生物危害及监测数据所确定的风险等级。

4 工作流程

奶牛养殖场生乳中病原微生物风险评估工作流程见图 1。

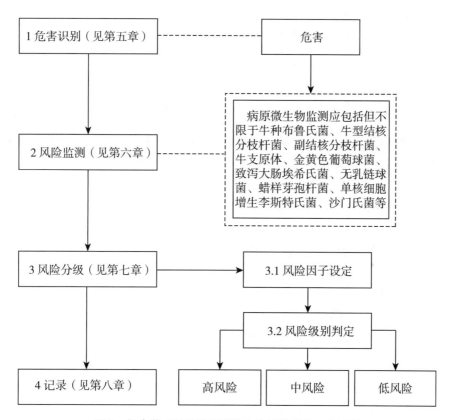

图 2 奶牛养殖场生乳病原微生物风险评估工作流程

5 危害识别

5.1 奶牛养殖场生乳中需评估的病原微生物应包括但不限于牛种布鲁氏菌、牛型结核分枝杆菌、副结核分枝杆菌、牛支原体、金黄色葡萄球菌、致泻大肠埃希氏菌、无乳链球菌、蜡样芽孢杆菌、单核细胞增生李斯特氏菌、沙门氏菌等。

5.2 依据奶牛养殖场消毒、兽医卫生检验、疫病检疫和防疫、挤奶操作、干奶操作、奶牛疾病诊疗等相关过往记录、公开的风险咨询，结合咨询驻场兽医，确定生乳中需要评估的病原微生物。

6   风险监测

6.1   牛种布鲁氏菌和牛型结核分枝杆菌，应每半年监测 1 次，监测方法按照 GB/T 18646 和 SN/T 2101 的要求。

6.2   副结核分枝杆菌、牛支原体、金黄色葡萄球菌、致泻大肠埃希氏菌、无乳链球菌、蜡样芽孢杆菌、单核细胞增生李斯特氏菌、沙门氏菌等，应每季度监测 1 次。

7   风险分级

7.1   风险因子设定

依据牛场记录及风险监测结果，应按照附录 B 将生乳中病原微生物风险因子设定为高风险因子、中风险因子和低风险因子。

7.2   风险级别判定

按照规定进行统计判定，符合高风险因子 1 项及以上，判定为高风险；符合中风险因子 1 项及以上，判定为中风险；符合低风险因子 1 项及以上，判定为低风险；当同时符合 2 个或 3 个风险级别时，则按照最高风险级别判定。

8   记录

奶牛养殖场应做好采样、风险监测和风险分级等结果记录。记录保存至少 2 年。

三、《食品安全风险评估报告撰写指南》

第一章   总则

第一条   为规范、统一国家食品安全风险评估报告（以下简称"报告"）的术语和格式，提高报告质量，特制定本指南。

第二条   本指南适用于国家食品安全风险评估专家委员会出具的按计划执行的食品安全风险评估报告，应急评估报告可参考本指南酌情删减。

第三条   报告撰写的一般原则

（一）报告撰写应遵循本指南所规定的格式；

（二）报告应基于国际公认的风险评估原则即危害识别、危害特征描述、暴露评估、风险特征描述四步骤撰写；

（三）报告不以"我"或"我们"等第一人称表述，而应使用"国家食品安全风险评估专家委员会"；

（四）报告的措辞力求简明、易懂、规范，专业术语必须与国际组织和其他国家使用的风险评估术语及相关法律用语一致；

（五）报告应尽可能使用科学的定量词汇描述，避免使用产生歧义的表述；

（六）报告应客观地阐述评估结果，科学地做出结论，必要时可引用其他国家及国际组织已有的评估结论。

第二章　报告体例

第四条　一个完整的报告应该由封面、项目工作组成员名单、致谢、说明、目录、报告主体和相关附件 7 部分内容组成，并按此顺序排列。

（一）报告封面：封面应含有报告题目、报告序列号、起草单位和时间等信息。

（二）项目工作组成员名单：该部分应包含风险评估项目专家组成员和工作组成员等对评估有贡献的所有人员信息。

（三）致谢：致谢的对象应包括在经费及数据协调、数据采集以及其他方面提供了支持和帮助的相关单位和专家。

（四）报告说明需包含以下内容：

1. 任务来源和评估目的；

2. 评估所需数据的来源及数据的机密性、完整性和可利用性等阐述；

3. 报告起草人、评议人及待评估因素的各利益相关者间的利益声称；

4. 报告可公开范围；

5. 报告生效许可声明，如：本报告经专家委员会主任委员签字认可后生效。

第五条　报告主体结构应包括以下内容：

（一）标题

1. 报告标题应简明扼要，高度概括报告内容，并含有被评估因素及其载体信息和"风险评估"关键词。

2. 报告标题应用中英文双语书写。

（二）摘要

1. 摘要应简明扼要地概括评估目的、被评估物质污染食品的途径、对健康的危害、推荐的健康指导值（若有）、评估所用数据来源、暴露评估方法、评估结果、评估结论和建议等。

2. 一般不对报告内容作诠释和评论。

（三）缩略语

为了减少后续报告撰写中使用冗长术语，也使受众群体更好地理解报告，报告中所涉及的所有缩略语需集中列出中英文全称对照。本指南中总结了食品安全风险评估报告中常用的缩略语，具体内容见附录。

（四）前言

该部分主要对与评估工作相关的问题进行阐述，具体为：

1. 开展评估的原因和目的。

2. 与待评估因素及其载体相关的管理和风险评估方面的现状和进展。

（五）一般背景资料

1. 待评估因素的理化/生物学特性：对可能引起风险的危害因素（化学污染物、食品添加剂、营养素、食品接触材料及制品的迁移物、微生物、寄生虫等）的理化和/或生物学特征进行描述。

2. 危害因素来源：食品中危害因素的天然和人工来源、在食物链各环节（从农田到餐桌）中的定性或定量分布、食品加工对危害因素转归的影响等描述。

3. 各国及国际组织的相关法律、法规和标准：对世界范围内针对待评估因素已有的相关法律、法规、标准等进行介绍。如：该物质是否允许在食物链的某一环节使用、规定的使用范围、使用量及相关监管措施（如限量标准）等。

4. 其他：有助于受众群体理解的与评估内容相关的其他资料。

（六）危害识别应详细描述使用的所有方法及原则，包括且不限于：文献检索策略及评价方法、数据可靠性、数据相关性和数据一致性评价等。文献检索策略及评价方法的内容主要包括：用于文献检索的数据库、检索字符串、用于文献筛选的纳入和排除标准以及文献检索、筛选结果的简要呈现。

1. 化学物质

对化学性物质危害识别的描述应简明扼要，允许引用其他文件中的相关信息。通过对已发表的国际组织技术报告、科技文献、论文和评估报告资料的整理，获得与待评估物质相关的 NOEL、NOAEL、LO（A）EL 等参数，以定量描述危害因素对动物的毒性和人群健康的危害，具体为：

（1）吸收、分布、代谢和排泄：简要描述待评估物质在体内的吸收、分布、代谢和排泄过程。

（2）动物毒性效应：通过待评估物质对动物毒性资料（如急性毒性、亚急性毒性、亚慢性毒性、慢性毒性、生殖发育毒性、神经毒性和致畸、致突变、致癌作用等）的分析，确定危害因素的动物毒性效应。

（3）对人类健康的影响：危害因素与人类原发或继发疾病的关系；危害因素可能会对人类健康造成的损害；造成健康损害的可能性和机理。

（4）生物监测：针对有生物蓄积性的物质，阐述用合适的生物标记物及基质以评估该物质的体内浓度。分析生物标记物随时间变化的趋势；分析可能影响待评估物质体内浓度的因素；介绍该物质的异构体的生物监测分布情况。

2. 微生物

微生物风险评估中的危害识别部分主要确定特定食品中污染的致病微生物［微生物-食品（农产品）］。即通过对已有流行病学、临床和实验室监测数据的审核、总结，确定致病微生物及其适宜的生长环境；微生物对人类健康的不良影响及作用机制、所致疾病特点及发病率、现患率等；受微生物污染的主要食品及在世界各国所致食物中毒的发生情况等。具体为：

（1）特征描述：微生物的基本特征、来源、适宜的生长条件、影响其生长繁殖的环境因素等。

（2）健康危害描述：该致病微生物对健康不良影响的简短描述，确认涉及的敏感个体和亚人群，特别要注重对健康不良作用的详细阐述，以助消费者更好地理解对健康影响结果的严重性和意义。

（3）传播模式：病原体感染宿主模式的简单描述。

（4）流行病学资料：对文献记载所致疾病暴发情况的全面综述。

（5）食品中污染水平：简单描述被污染的食品类别和污染水平。

（七）危害特征描述

评估报告应详细描述使用的所有方法及原则，包括且不限于健康指导值的制定等。

1. 化学污染物

对已有健康指导值的化学污染物，则综述相关国际组织及各国风险评估机构（如 IPCS、JECFA、JMPR、JEMRA、EFSA、德国 BfR、美国 FDA 和 EPA、澳洲 FSANZ、日本食品安全委员会等）的结果，选用或推导出适合本次评估用的健康指导值（如 ADI、TDI 等）；如果自行制定健康指导值，则应对制定方法、过程及依据进行详细阐述，包括临界效应的选择和剂量-反应关系的分析。

2. 微生物

微生物风险评估的危害特征描述应包括以下内容：

（1）对健康造成不良影响的评价。发病特征：所致疾病的临床类别、潜伏期、严重程度（发病率和后遗症）等；病原体信息：微生物致病机理（感染性、产毒性）、毒力因子、耐药性及其他传播方式等阐述；宿主：对敏感人群、特别是处于高风险亚人群的特征描述。

（2）食品基质：影响微生物生长繁殖的食品基质特性（如温度、pH 值、水活度、氧化还原点位等）以及对食品中含有促进微生物生长繁殖特殊营养素等的描述；

同时对食品生产、加工、储存或处理措施对微生物影响的描述。

（3）剂量-反应关系：机体摄入微生物的数量与导致健康不良影响（反应）的严重性和/或频率，以及影响剂量-反应关系因素的描述。

一般情况下，对每一个微生物-食品（农产品）组合，风险评估中危害识别和危害特征描述常同时叙述，但危害识别更注重于对病原体本身的阐述，而危害特征描述则侧重于对食品（农产品）特性和致病微生物数量对消费者影响的阐述。

（八）暴露评估

1. 数据和方法

数据来源：含量数据和消费量数据；待评估因素的检测方法和质量控制；数据处理和分析方法（如地域分层方法、人群分组方法、食物分类方法等）；暴露评估计算方法描述（如确定性评估、概率评估）。

2. 数据分析及暴露评估的结果

（1）化学物质：待评估物质在食品中的浓度及污染率分析；食物消费量数据分析；食物的加工、处理条件对待评估物质浓度的影响。

暴露评估结果：应包含膳食暴露水平［单位：$mg/(kg \cdot d)$ 或 $\mu g/(kg \cdot d)$］和各类食物贡献率（用%表示）两部分，在报告中用文字和图表相结合的方式表述。

（2）微生物：致病微生物在食品中污染水平的分析；食物消费量、居民烹调习惯的数据分析；暴露评估结果：包括定性评估和定量评估。

定性评估一般适应于数据不充分的情况，对食物中致病微生物水平、食物消费量、繁殖程度等参数可使用阴性、低、中、高等词汇描述；定量评估则通过选择微生物-食品（农产品）组合、食物消费量和消费频率资料、确定暴露人群和高危人群、流行数据、选择定量模型、食品加工储存条件对微生物生长存活的影响以及交叉污染可能性的预测等分析，估计食物中致病微生物污染水平、人群暴露量（关注人群中的个体年消费受污染食物的餐次）及对健康的影响。

（九）风险特征描述

以总结的形式对危害因素的风险特征进行描述，即将计算或估计的人群暴露水平与健康指导值进行比较，描述一般人群、特殊人群（高暴露和易感人群）或不同地区人群的健康风险。如果有可能，应描述危害因素对健康损害发生的概率及程度。

如果评估对象为微生物时，需要计算在不同时间、空间和人群中因该微生物导致人群发病的概率，以及不同的干预措施对降低或增加发病概率的影响等。

（十）不确定性分析

任何材料和数据方面的不确定性（如知识的不足、样品量的限制、有争议的问题等）都要在该节进行充分的讨论，并将各种不确定性对结果可靠性的影响程度进行详细说明。

（十一）其他相关内容

根据需要，对易于理解本报告内容和易误导受众群体等问题进行详细说明。

（十二）结论

根据评估结果，以准确、概括性措辞将评估结论言简意赅地表述出来。

（十三）建议采取行动/措施

1. 根据评估结果和结论，从不同的角度对风险管理者、食品生产者和消费者分别提出降低风险的建议和措施。

2. 若因资料和数据有限未能获得满意的评估结果，应提出进一步评估的建议和需进一步补充的数据。

（十四）参考资料

若评估报告中引用了文献和文件，在评估报告的最后要提供引用文献和文件的出处。

第三章　其他规范

第六条　人群分组

我国风险评估常用人群分组方法为：0~6个月、7~12个月、13~36个月、4~6岁、7~12岁、13~17岁女、13~17岁男、18~59岁女、18~59岁男、60岁及以上女、60岁及以上男。但是在开展风险评估项目时，可根据具体情况对人群分组进行调整。比如，当暴露评估结果基本一致时，可考虑合并分组。

第七条　食物分类

食物分类方法可根据待评估因素的性质来确定。现有可参考的分类方法有：《食品安全国家标准　食品添加剂使用标准》（GB 2760—2014）、《食品生产许可分类目录》、评估中心全国食物消费量调查和全国食品污染物监测系统的食品分类方法。

四、主要缩略语

ADI　　　每日允许摄入量（Acceptable Daily Intake）

ARFD　　急性参考剂量（Acute Reference Dose）

BMD　　基准剂量（Benchmark Dose）

BMDL　基准剂量可信下限（Benchmark Dose Lower Confidence Limit）

BMR　　基准反应（Benchmark Response）

EFSA　　欧洲食品安全局（European Food Safety Authority）

EPA　　美国环境保护署（US Environmental Protection Agency）

FAO　　联合国粮农组织（Food and Agriculture Organization of the United Nations）

FDA　　美国食品药品管理局（US Food and Drug Administration）

HBGV　健康指导值（Health-based Guidance Value）

JECFA　WHO/FAO 食品添加剂联合专家委员会（Joint FAO/WHO Expert Committee on Food Additives）

JEMRA　WHO/FAO 微生物风险评估联席会议（Joint FAO/WHO Expert Meetings on Microbiological Risk Assessment）

LOAEL　观察到不良作用的最低剂量（Lowest-Observed-Adverse-Effect Level）

LOC　　关注水平（Level of Concern）

LOD　　检测限（Limit of Detection）

MOE　　暴露边界（Margin of Exposure）

MPN　　最大可能数（Most Probable Number）

MRA　　微生物风险评估（Microbiological Risk Assessment）

NOAEL　未观察到不良作用剂量（No-Observed-Adverse-Effect Level）

PTMI　　暂定每月可耐受摄入量（Provisional Tolerable Monthly Intake）

PTWI　　暂定每周可耐受摄入量（Provisional Tolerable Weekly Intake）

QSAR　定量结构活性关系（Quantitative Structure-activity Relationships）

RASFF　欧盟食品和饲料快速预警系统（Rapid Alert System for Food and Feed）

TDI　　每日可耐受摄入量（Tolerable Daily Intake）

TI　　　耐受摄入量（Tolerable Intake）

TTC　　毒理学关注阈值（Threshold of Toxicological Concern）

UF　　　不确定系数（Uncertainty Factor）

WHO　　世界卫生组织（World Health Organization）

参考文献

北京师范大学，华中师范大学，南京师范大学，2020. 无机化学. 北京：高等教育出版社.

曹旭敏，赵思俊，谭维泉，等，2013. 动物源性食品中重金属残留的危害及防范措施. 中国动物检疫，30（12）：29-32.

曹煊，李景喜，余晶晶，等，2009. 浒苔中有毒有害元素及砷化学形态的研究. 分析测试学报，28（3）：5.

陈号，彭开松，涂健，等，2008. 畜产品中β-内酰胺类药物残留分析方法的研究进展. 上海畜牧兽医通讯（1）：4-5.

陈卫华，王凤忠，2017. 食品安全中的化学危害物——检测与控制. 北京：化学工业出版社.

崔恒敏，陈怀涛，邓俊良，等，2005. 实验性雏鸭铜中毒症的病理学研究. 畜牧兽医学报，36（7）：715-721.

戴欣，李改娟，2011. 水产品中硝基呋喃类药物残留的危害、影响以及控制措施. 吉林水利（9）：61-62.

杜丽飞，徐天琦，2020. 非洲猪瘟防控与风险评估. 湖南农业（10）：25.

樊廷菊，2012. 畜产品药物残留的危害成因及治理对策. 当代畜牧（11）：43-44.

冯强，2014. 浙江省蜂蜜中主要抗生素及重金属残留风险评估及检测方法的研究. 杭州：浙江工业大学.

付莹莹，鲍玉朋，王中一，等，2023. 风险评估研究进展及其在生物安全领域应用前景分析. 暖通空调，53（S2）：473-476.

高金芳，2017. 动物源性食品和动物饲料中抗微生物药和抗寄生虫药的筛选法研究. 武汉：华中农业大学.

龚铭，罗治华，2014. 兽药残留的危害及应对措施. 中国畜禽种业，10（5）：43-44.

郭才有，2011. 浅谈兽药残留的主要来源及危害. 畜禽业（1）：42-43.

郭颖初，嵇辛勤，王开功，等，2013. 动物性食品中镉的污染及其检测技术. 畜牧与兽医，45（2）：90-93.

国家食品安全风险评估中心，2021. 中国居民膳食动物性水产品甲基汞暴露风险评估. 国家食品安全风险评估中心（8）.

国家食品安全风险评估中心，2022. 中国居民膳食铜摄入水平及其风险评估. 国家食品安全风险评估中心（11）.

韩端丹，洪琦，蔡立涛，等，2008. 性激素类物质在农产品中的残留及检测 . 湖北农业科学，47（11）：1354-1357.

黄杰周，2017. 食品中重金属铅污染状况及检测技术分析 . 微量元素与健康研究，34（4）：54-55.

姜力，文学忠，钟雯，2011. 兽药残留与食品安全 . 吉林畜牧兽医，32（5）：1-2.

蒋琦，黄琼，张永慧，2012. 总膳食研究在人群膳食暴露评估中的应用 . 中国食品卫生杂志，24（3）：289-292.

荆焕芳，2016. 动物锌中毒的原因、症状及预防 . 乡村科技（6）：27.

孔丽娟，张冬艳，2013. 浅谈畜产品药物残留与防控措施 . 当代畜牧（32）：47-48.

李晨晨，韩东方，林增，等，2020. 上海市某区市售动物性水产品中镉污染及膳食暴露风险评估 . 上海预防医学，32（5）381-382.

李昆，崔凌峰，王莹莹，2021. 浅析农产品质量安全风险评估方法 . 现代食品，18：28-30

李生涛，2015. 动物性食品中汞污染及其毒性作用 . 山东化工，44（4）：139-141，146.

刘冰，高红梅，张彩云，等，2019. 畜产品中重金属残留危害及检测技术 . 今日畜牧兽医，35（7）：1-2.

刘创基，2010. 动物性食品中 β-内酰胺类药物及其代谢物检测方法的研究 . 北京：北京化工大学.

刘贵州，丘东蔚，2023. 肉类食品中激素残留的检测技术分析 . 现代食品，29（8）：202-204.

刘青，梁晓聪，张巍，等，2021. 2016—2019 年陕西省动物源性食品中甲硝唑和氯霉素残留状况 . 卫生研究，50（6）：1019-1021，1024.

刘青，张巍，张振华，等，2021. 陕西省蜂蜜中甲硝唑和氯霉素膳食暴露风险评估 . 中国卫生检验杂志，31（21）：2592-2594，2600.

刘玉峰，2012. 我国畜产品质量安全存在的问题及对策 . 中国动物检疫，29（10）：22-24

刘玉朋，王萌，胡宝贵，2014. 我国畜产食品安全风险管理研究——基于畜产食品安全事件的实证分析 . 安徽农业科学，19：6373-6375，6378.

柳毅，2017. 动物源性食品硝基呋喃类代谢物残留量的测定与分析 . 现代畜牧科技（3）：159.

卢嘉，李敏敏，刘佳萌，等，2021. 我国农产品收贮运环节质量安全风险评估研究现状及监管建议 . 农产品质量与安全，109（1）：32-37，50.

马启禄，2021. 畜产品中重金属残留危害及检测技术分析 . 中兽医学杂志（11）：75-77.

缪宇腾，郁宏燕，陆利霞，等，2020. 动物源性食品中氯霉素残留检测方法进展 . 生物加工过程，18（5）：658-664.

聂晨睿，2013. 动物性食品中镉污染研究 . 农民致富之友（8）：206.

盛玲玲，2022. 农产品质量标准安全风险评估的研究分析 . 大众标准化，360（1）：4-6.

施杏芬，陆国林，2008. 兽用喹诺酮类药物残留的危害及对策. 中国动物检疫，25（9）：16-17.

施彦之，2019. 低温乳制品冷链管理中利用风险量模型公式对食品安全质量风险的评估、控制的探讨. 轻工科技，35（11）：16-17，29.

苏霞，王绪根，李云，等，2022. 畜禽产品中四环素类抗生素残留检测方法研究进展. 今日畜牧兽医，38（7）：8-9.

孙晓峥，孙晓军，翟莲，等，2018. 浅谈兽药滥用的危害性及防控措施. 畜牧兽医科技信息（10）：12-14.

汤亚云，管凡荀，高鹏飞，等，2022. 不同国家或组织动物源性食品中重金属限量标准的比较研究. 黑龙江畜牧兽医（14）：8-13，21.

唐仁勇，蔡婧，郭秀兰，等，2021. 抗寄生虫药物在畜禽产品中的残留危害及安全控制对策. 黑龙江农业科学（8）：123-128.

王邦国，2020. 动物性食品中磺胺类药物残留检测方法. 今日畜牧兽医，36（8）：65.

王春明，焦莉，张瑞锋，2014. 浅谈畜产品质量安全存在的问题及对策. 山东畜牧兽医，35（11）：49-50.

王翠月，陈大伟，马丽娜，等，2022. 动物源性食品中氟喹诺酮类药物残留现状和检测方法研究进展. 中国家禽，44（12）：92-97.

王宁，2019. 弓形虫病的分析，诊治和人畜共患风险防控. 养殖技术顾问，20（10）：109-110.

王萍，2013. 食品安全风险评估——风险特征描述. 华南预防医学，39（5）：89-91

王铁良，2010. 国内外动物源食品中兽药残留风险分析研究. 武汉：华中农业大学.

王炫凯，曲宝成，艾孜买提·阿合麦提，等，2021. 磺胺类药物残留危害及其检测方法的研究进展. 四川畜牧兽医，48（8）：32-36.

王亚君，刘晓晨，2020. 动物与食物源病原菌的联系，健康影响及现状. 中国饲料，10（2）：107-110.

吴娟，2013. 我国畜产品安全存在的问题及风险评估. 肉类工业（5）：49-55.

吴茂江，2013. 锡元素与人体健康. 微量元素与健康研究，30（2）：66-67.

肖桂萍，徐传，2021. 畜禽产品质量安全存在的问题及对策. 云南农业科技（2）：58-62.

许金新，王淑娟，2012. 畜产品质量安全存在的问题及对策. 中国动物检疫，29（7）：25-26.

杨波，2010. 喹乙醇在猪可食性组织中残留的生理药代学模拟研究. 武汉：华中农业大学.

杨杰程，刘丁溪，郭抗抗，等，2019. 动物性食品中磺胺类药物残留检测方法研究进展. 畜牧与兽医，51（6）：134-139.

杨琳，2012. 动物性食品中土霉素、金霉素和四环素检测方法研究进展. 中国动物检疫，29（8）：63-66.

应乾虹, 2020. 动物源性食品中常见药物残留检测方法的研究. 杭州: 浙江工业大学.

张金芳, 2021. 畜产品药物残留的危害及应对措施. 浙江畜牧兽医, 46 (6): 12-13.

张敬敬, 曹小妹, 陈学武, 等, 2012. 畜产品中激素残留检测方法的进展. 化学研究与应用, 24 (11): 1617-1623.

张梦雪, 刘冰, 杨洁, 等, 2023. 畜产品质量安全风险评估机制关键点的探索. 今日畜牧兽医, 39 (2): 12-14.

张晓彤, 王晓通, 谢晓程, 等, 2021. 氯霉素在动物源食品中的残留分析研究进展. 中国兽医科学, 51 (7): 920-924.

张雪娇, 苗翠, 曹忠军. 畜产品中重金属残留的危害及对策. 畜牧兽医科技信息 (6): 18-19.

张英慧, 袁东亚, 赵志鹏, 等, 2011. 重金属铅污染对动植物的危害综述. 安徽农学通报 (下半月刊), 17 (2): 55-56.

张子栋, 2013. 六价铬毒性作用及其影响因素. 生物技术世界 (8): 1.

赵格, 赵建梅, 王琳, 等, 2021. 畜禽产品中微生物风险评估和预警系统的构建与初步应用. 中国动物检疫, 38 (11) 44-53.

赵军强, 韩典峰, 田秀慧, 等, 2022. 食品中金刚烷胺的危害、检测方法和残留风险研究进展. 中国作业质量与标准, 12 (3): 64-71.

郑娟娟, 张雨, 许文涛, 等, 2013. 锌对哺乳动物细胞损伤的保护机制. 生物技术通报 (4): 21-26.

智若岚, 2011. 猪肉及鸡蛋中四环素类抗生素残留检测方法研究. 哈尔滨: 东北农业大学.

中华人民共和国农产品质量安全法. 中国民主法制出版社, 2022.

中华人民共和国食品安全法. 中国法制出版社, 2021.

周剑涛, 2020. 畜产品安全生产存在问题与对策. 畜牧兽医科学 (电子版) (12): 66-67.